Die Herkunft der Hydro-Copter und BIG DATA

Michel Felgenhauer

Bibliografische Information der Deutschen Nationalbibliothek:

Die Deutsche Nationalbibliothek verzeichnet diese Publikation in der Deutschen Nationalbibliografie; detaillierte bibliografische Daten sind im Internet über http://dnb.d-nb.de abrufbar.

ISBN: 9783346097729
Dieses Buch ist auch als E-Book erhältlich.

Trappentreustraße 1
80339 München

Druck und Bindung: Books on Demand GmbH, Norderstedt Germany
Gedruckt auf säurefreiem Papier aus verantwortungsvollen Quellen

Das Buch bei GRIN: https://www.grin.com/document/504683

Die Herkunft der Hydro-Copter und BIG DATA
The Origin of HydroCopters and BIG DATA

Seit Neustem plagen mich keine Visionen mehr; ich war beim Arzt. Nach all der Zeit. Auch mein Forschungswille ist endlich gebrochen, was nicht ganz so leicht zu bewerkstelligen war. Werkstellen, welch ein wunderbares Wort, nein Wörding. Mit dem Wissen geht es ja nicht ganz so schmerzlos von statten. Von statten? Werkstellung? Das Werding? Nicht schlecht. Wie Sie sicher wissen, ist Wissen vollkommen überbewertet; Wissen schaffen und Wissenschaft sowieso. Wie altmodig. Wissen wird heute nicht mehr generiert, nicht geschaffen. Das braucht es nicht, denn Wissen wird gefunden, es taucht auf, es emergiert, während wir dem BIG-DATA-DIGGER beim Graben zuschauen. Wissen? Ist nämlich schon da. Wie kann man nur so blöd sein, selber was wissen zu wollen? Dieses Digging, ein Riesenspaß, Digger. Forschung? Das lohnt nicht mehr. Auch die Lehre wird viel zu ernst genommen. Wir werden einfach die Standards senken. Wie beim „Abbi!, Digger!" Willkommen in Deutschland, dem Land der undichten Denker.

Warum habe ich nur solch eine Angst vor dem Daten-Ernten? Lassen Sie mich gleich hier am Anfang eine Geschichte erzählen: In den späten 70ern war es üblich, wöchentlich zu benotende Protokolle abzugeben. Besonders litten wir in den Physik- und Thermodynamik-Übungen und Praktika. Thermo-Müller war ein guter TU-Professor, aber auch ein gefürchteter Prüfer. Die Gruppen der Praktikanten waren wild zusammengewürfelt; vielleicht war Zufall im Spiel, vielleicht auch nicht, immerhin ging es ja unter anderem um statistische Gasdynamik. Hatte man einen TWLAK im Team, war man angefressen. Die Technisch-Wissenschaftlichen-Lehramtskandidaten brauchten nämlich lediglich eine Bescheinigung über ihre Anwesenheit im Labor und schrieben einfach ihre Namen unter unsere Protokolle. Lange, bevor wir alles berechnet, ausgewertet, beschrieben und protokolliert hatten, schnalzten am Nachbartisch der zukünftigen Studienräte schon die Rotweinkorken. Ich kannte keinen Einzigen, der dieses Studienfach wirklich freiwillig angefangen hatte. Lehramtskandidat wurde man nicht selten durch Rauschmiss nach der zweiten Prüfungswiederholung, weil: „kein Problem", meinte der Prüfungsobmann, „theoretisch geht TWLAK praktisch immer". Wir nannten sie INDIEs. Statt Thermo I und II und III und nicht nur dort, hörten TWLAK nur die „Einführung in die ...". Und sie hatten so Recht. Heute habe ich höchsten Respekt vor der Weitsicht meiner ehemaligen Kommilitonen. Natürlich. Sofern man sich mal trifft; ich schaffe es ja erst nach der Arbeit zu ALDI, oder nach ALDI, egal. Lehrer aus meinem Abiturjahrgang sind da viel früher dran. Wochentags und auch sonst irgendwie; weil bereits vor fünf Jahren in Frührente gegangen. Ja, sie hatten so Recht. Was als parasitär galt, heißt heute Partizipation. Wahre Pioniere, die TWLAK. Applaus für die ersten grundständigen DATA-DIGGER. Und ja; ich kenne theoretisch auch ein paar Nette.
Mist, meine alten Augen; dieser Schriftgrad ist zu klein.

Michel Felgenhauer, im Herbst 2019

Rotationsflügelaggregat zur Anmontage an kleine Seefahrzeuge

Technische Beschreibung

Die Erfindung betrifft ein vertikal wirkendes Aggregat mit Rotationsflügel zur Anmontage im Unterwasserbereich kleiner Seefahrzeuge und beschreibt einen Autogyro-Hydro-Antrieb mit Repeller in Zweiflügel-Konfiguration. Kleine Seefahrzeuge in diesem Sinne sind Wake- und Surfboards, Segelsurfboards und Jollen. Der Rotationsflügel des Autogyro-Hydro-Antriebs ist zweiarmig und seine rotierenden Arbeitstragflächen sind freilaufend ausgeführt. Im Betrieb, bei Bewegung des Seefahrzeugs und Fahrrichtung und durch geeignete Anströmung gerät der Rotationsflügel autonom, passiv und zwangsläufig in Eigenrotation (Autogyroprinzip) und produziert eine Auftriebskraft, die senkrecht auf der Rotationsebene steht. Das vertikal wirkende Drehflügel-Aggregat (nachfolgend „Hydro-Copter" genannt) entspricht seitens seiner Anwendung und in seiner Betriebsweise einem so genannten Hydrofoil. Hydrofoils vom Stand der Technik dienen ebenso zur Anmontage an Segelsurfboards und Jollen vom Stand der Technik und dient der vertikalen Querkrafterzeugung im Unterwasserbereich. Der Hydro-Copter ist fluiddynamisch als Arbeitsmaschine betreibbar und die vom Seefahrzeug in Bewegung erzeugte (Auftriebs-) Querkraft des Rotationsflügels des Autogyro-Hydro-Antriebs wird zum (vertikalen) Anheben des Seefahrzeugs genutzt. Generell ist der Hydrocopter geeignet, im Zusammenwirken mit einem Surfboard und einem Surfsegel vom Stand der Technik ein mobiles Gesamtsystem abzubilden. Surfboard und Surfsegel sind nicht Gegenstand der Erfindung. Für die Lehre über das gestalterische Prinzip eines Rotationsflügelaggregates und insbesondere für die Dimensionierung des Rotors des Hydro-Copters ist eine vereinfachende Theorie anzusetzen.

An einem Sommertag.

Micha: guten Tag.
ASK: guten Tag.
Mi: Nett, dass Sie sich die Zeit genommen haben, mit uns eine Runde zu segeln.
ASK: Nennen Sie mich Cloude.
Mi: Danke. Micha.
Heide: Hallo; ich bin Heide.

Langsam gleitet das Boot aus dem Hafen.

C: Nein, ICH habe zu danken. Ich bin so gerne auf dem Wasser. Es ist wunderbar hier, die Sonne quasi. Der See, der Wind, alles so analog.
Ah, Hasel .. was?

Claude wischt auf seinem Wishphone.

C: Hasselwerder. Sie sehen Micha, ich kenne mich hier aus.
Mi: Unser Turn heißt nicht umsonst „Rund Hasselwerder". Eine nette ABE haben Sie da. Kann die auch Geschwindigkeit....
C: Ein Leichtes. Kilometer? Knoten? Oder Meterprosekunde? Parsek gibt's hier auch. Alles quasi. Also, wir haben jetzt genau 71,455 Knoten auf'm Bord.
Mi: komma-vier-fünf-fünf? Wie schön sowas mal auf'm Bord zu haben.

Ein leichter Wind aus West kommt auf. Wir lassen Hasselwerder auf Backbord liegen und fahren aus der Malche direkt auf den Tegeler See. Heide steuert die SÖVIND, ihr Folkeboot, in die Sonne des späten Nachmittags. Cloude zieht sich umständlich die zugeknöpfte Jacke über den Kopf. Das Smartfon fällt aus der Tasche, aber zum Glück nicht ins Wasser. Während er in der Jacke strampelt wirft Heide mir strafende Blicke zu. Wen Du da an Bord holst, sollen sie fragen.

C: Ich habe zur Not immer noch ein zweites dabei.

Claude lacht und klatscht sich vor Freude auf beide Knie.

C: Heike, das wird Sie interessieren.

H: Heide.

C Äh, wie, ach so, ja, volkswirtschaftlich betrachtet hat Digging und Mining ein ungeheures Potential. Natürlich meine ich unsere Art Data- und Text-Mining. Daten und unsere Methoden ihrer Verwertung sind die exponierte Ressource dieser Zeit, eine kostenfreie Quelle unerschöpfbarer Wertschöpfung, quasi; Daten sind der billige Treibstoff moderner Ökonomie, quasi. Der einfachen Gesellschaft verspricht er Wachstum. Cleveren den schnellen Reichtum. Wir zum Beispiel, sind very clever.

Mi: kostenfrei?

C: Ich sagte doch, wir sind clever. Die Goldgräber und Ölsucher des 21. Jahrhunderts wühlen nicht mehr in der Erde oder klopfen Steine, sondern diggen quasi in unermesslich großen Datenhaufen. Das Wissen liegt überall rum. Unerschlossene Daten sind quasi wertvoller als Gold. Weil sie sich vermehren können, die Daten, Sie vermehren sich quasi mit jeder Querverbindung. Und es gibt viele, viele Querverbindungen. Rammsi. Wissen Sie überhaupt, was eine Rammsi-Struktur ist? Zwei Vektoren bilden eine Resultierende, aber zwei Daten-Traktoren spannen quasi ein Volumen auf. Jeder mit Jedem, bsssst- bssst. Sie verstehen, Heike?

H: Heide. Und Attraktoren, wahrscheinlich.

Zwischen seinen schaufelgekrümmten Händen scheint sich vor aller Augen ein Kraftfeld aufzubauen. Nicht alle lachen. Heide hold dicht, führt die Großschot mit der Hand, fährt jetzt eine Halse und nimmt Kurs auf die so genannte Franzosentonne.

Mi: So halbwegs.

C: bitte?

Mi: die Ramsay Theorie[1].

C: ja, lustig, nicht wahr. Jeder mit jeder, bssst-bssst.

H: Welche Daten dürfen denn überhaupt gesammelt werden? Für welche Zwecke? Dürfen sie gespeichert und ausgewertet werden? Einfach so?

C: Ach, sie sind mir aber ein Häschen!

H: ... wie steht es mit dem Schutz der Privatsphäre? Der öffentlichen Sphäre. Haben Daten nicht einen gesamtgesellschaftlichen Wert? Und Daten machen macht Mühe. Wer entlohnt Datenmacher? Was ist mit den individuellen Persönlichkeitsrechten der Wissensgeber?

C: Ach die Rechte, ja, ja.

Mi: Immer der Reihe nach.

H: überhaupt nicht der Reihe nach. Jetzt bin ich auch noch sein Häschen, unglaublich, aber er selber da sieht aus wie eine, eine, ... wie eine Dörrobstrübe, genau.

Claude tippt mit einer rasenden Geschwindigkeit „Dörrobstrübe“ in sein Smartfon. Und noch mehr. Irgendwas piept. Er wischt, grinst, wischt. Es piept noch einmal.

C: Yes. Perfekt, gibt es noch nicht. Wir legen umgehend einen Data-Pond an. Und heizen das Ganze mit Features an „Boston * Gen * USA * Crop * FDA * Bio-Engineering“. > die Tastatur wird maltretiert < Moment noch Häschen, wir ziehen jetzt die Parameter hoch: * innovation support* highly scalable* Pooling * integrated Conducting * declarative Enabling *Empowering to leverage*. Das dürfte reichen. Wie hieß das Ding da nochmal. > er klopft auf den Schiffsrumpf, was Heide gar nicht mag > Genau, Hassel-Bla-bla, wir nennen es Hasselrübe. Oder wie heißen Sie nochmal, Kindchen, Heike?, nein Heikerübe klingt

[1] Die Ramseytheorie (nach Frank Plumpton Ramsey) ist ein Zweig der Kombinatorik innerhalb der Diskreten Mathematik. Sie behandelt die Frage, wie viele Elemente aus einer mit einer gewissen Struktur versehenen Menge ausgewählt werden müssen, damit diese Struktur in der Teilmenge wiedergefunden werden kann und eine bestimmte Eigenschaft erfüllt ist. Berühmte Sätze der Ramseytheorie haben dabei alle diese Eigenschaft gemeinsam. https://de.wikipedia.org/wiki/Ramseytheorie

bescheuert und können wir bitte schnell an Land fahren? Irgendwo, schnell, da ist doch Land. Da IST DOCH Land. Ich brauche jetzt eine sichere Leitung. Und zwar sofort. Diggen ist das eine, aber Claimen geht nur SECURE.

H: Auf einem Schiff geht gar nichts sofort. Ich hab auch keine App für dieses Ufer. Nur für da!

Heide zeigt in den Wald.

C: Klaro. Verstehe. Ach, ist ja auch egal. Wie war noch einmal Ihre Frage, bitte? Big Data ist zuerst mal Big Business.

H: (holt tief Luft) Der Big-Data-Ansatz verspricht den Menschen Reichtum, Klärung aller Fragen, keine Kosten, es sei denn für die Vermittler der großen Sause, Zukunft. Welche Verantwortung trage ich als Forscherin für negative Auswirkungen einer Technologie, die ich mitentwickelt habe?

Wieder Piept es. Wieder werden schnelle Nachrichten in das i-Phone eingetippt, gewischt. Heide nimmt jetzt den kürzesten Kurs Richtung Malche. Nicht um ihm einen Gefallen zu tun, sondern um sich selbst einen Gefallen zu tun. Sie will das jetzt hier beenden.

Und tatsächlich ist ein ungutes übermäßiges Vertrauen in das Diggen symptomatisch für die Vorstellung, dass die Potenz der Daten, dass Big Data alle theoretischen Ansätze und bisherigen wissenschaftlichen Methoden ersetzen kann. Staatliche und privatwirtschaftliche Überwachungsexzesse beschwören Fragen zur Privatheit, zur Selbstbestimmung und zum Datenschutz herauf. Aber das so rüberzubringen, hat Heide einfach keine Lust mehr. Und wozu auch. Sie gibt jetzt Gas. Will heim.

C: Perfekt, Boston macht es. In diesem Moment sichert sich online – sagen sie, ist hier irgendwie Bayer in der Nähe? - irgend ein Praktikant, Dr. –Ing. Prsrt.., Pschripst.., ach egal, sichert die Markenrechte. Das Patent ist schon in der Loop ... > das Handy klingelt, schon vor dem zweiten Klingelton ist es am Ohr > .. ich sagte doch gerade die Panton Principles sind mir scheiß egal,

Mann Mädchen, weißt Du eigentlich, was so ein KKD-Ding[2] kostet, und auch kein Figshare, nein, Mann, dann kompilierst Du eben das fuckin- living document ohne Boston, was? Schrankenregelung, Paragraf 44a im was? Uhr-Heberrechtsgesetz, ihr habt sie wohl nicht mehr alle, hör mal, welcher Depp? wer von uns ist denn hier der Depp, wer? ach so S-E-P[3], vergiss es, Mädchen..

Er wischt sie auf dem Handy weg und die Sövind ist praktisch schon im Hafen.

C: Diese McKinsey- Tussi ist wirklich ein blindes Huhn. Wenn ich eines nicht leiden kann, dann ist das dieses Daten-Kuscheln. Männer sind da zum Glück nicht so zimpautsch ..

Das Folkeboot kommt ein bisschen hart in die Box und jetzt schliddert auch schon ein Handy über den Steg und über die Kante und fliegt einen eleganten Bogen und durchstößt die Wasseroberfläche mit einem Platsch und gleitet in die analoge Tiefe des Hafens.

H: Hops, das ist jetzt wohl Futter für den Data-Pond.

Aber Herr Quasi hört sie schon gar nicht mehr, trampelt über den Steg bis auf die Wiese, nelstelt hektisch ein Zweitphone aus der immer noch zugeknöpften Jacke und hastet zum Parkplatz.

---

[2] Knowledge Discovery in Databases (KDD) ist eine Ergänzung des Data-Mining um Pre- und Post-Prozesse, also vorbereitende Untersuchungen und Verarbeitung auszuwertender Daten sowie Bewertung der Resultate. Ziel des KDD ist die Herstellung unbekannter Zusammenhänge aus vorhandenen, meist großen Datenbeständen.

[3] Patente, die solche Kommunikationsstandards bezüglich Vernetzung in Fertigung, Einkauf und Logistik beschreiben, heißen SEP, standardessentielle Patente.

Stand der Technik. Autogyro-Prinzip.

Das Rotationsflügelaggregat zur Anmontage an kleine Seefahrzeuge nutzt das physikalisch-fluiddynamische Funktionsprinzip der aerodynamischen Tragschrauber vom Stand der Technik. Tragschrauber-Fluggeräte sind interessant für Anwendungen mit geringen Geschwindigkeiten. Tragschrauber, auch Autogyro, Gyrokopter oder Gyrocopter genannt, sind Drehflügler, die in ihrer Funktionsweise einem Hubschrauber ähneln. Der Rotor wird passiv durch den Fahrtwind in Drehung versetzt (Autorotation). Der Auftrieb in Fahrt ergibt sich dabei durch die aerodynamische Querkraft des drehenden Rotorblattsystems. Bei Gyrokoptern von Stand der Technik erfolgt der Vortrieb wie beim Starrflügelflugzeug meist durch ein Propellertriebwerk. Als Erfinder des Tragschraubers gilt der Spanier Juan de la Cierva, der seinen Autogiro als geschützten Markennamen im Jahr 1923 bekannt machte. Nach einer (allerdings heute nicht mehr zeitgemäßen) Theorie der Tragschrauber entsteht Autorotation immer dann, wenn das Rotorblatt im inneren Bereich der Rotorebene einen hohen Anstellwinkel hat derart, so dass eine das Blatt beschleunigende Kraft resultiert. Im äußeren Durchmesser hingegen bremst die Resultierende das Blatt. Beschleunigende und Resultierende sind im stationären Flug im Gleichgewicht. Variiert (erhöht) man den Anstellwinkel der Rotorebene, verschiebt sich die Grenze zwischen beschleunigendem und abbremsendem Bereich nach außen und damit zugunsten der Beschleunigung und der Rotor erhöht seine Drehzahl. Der (orthonormal auf der Rotorebene wirksame) vertikale Überschuss wird als Hub nutzbar (Tragschrauber), bzw. im Fall des Flugaggregats mit Rotationsflügeln wird die dieserart senkrecht auf der Rotationsebene stehende Querkraft als Vortrieb nutzbar.

Eine geschlossene Theorie der Gyrocopter besteht bis Dato nicht. Moderne Berechnungs-ansätze, die einer Festlegung geometrischer Parameter in der frühen Phase der Produkt-entwicklung dienen, gehen von einer Gleichzeitigkeit der Wirkungen der Autogyro-

Was ist Wissen eigentlich wert? Kann man es herstellen, wie ein Produkt? Kann man es wertschöpfen? Kann man danach graben, wie nach einem Erz? Wem gehört das Wissen, welches ungeschützt irgendwo rumliegt? Verhalte ich mich fahrlässig, wenn ich Wissen spende, oder mache ich mich strafbar, wenn ich mein eigenes Wissen „verbrenne". Gehört mir mein Wissen? Nein anders: gehört mein Wissen mir? Mancher nimmt ja sein Wissen mit ins Grab. Gut; das ist natürlich eine Option. Eine sympathische Option. Im Falle akuter Lebensgefahr legt das Arbeitsrecht fest, dass das Ergebnis der Arbeit des Arbeitnehmers dem Arbeitgeber zusteht (Diensterfindung); dort ist auch die Verwertung und Vergütung anderer schöpferischer Leistungen von Arbeitnehmern geregelt, die die Leistungsfähigkeit eines Unternehmens verbessern[4]. Ach so, von dem Kalauer mit der Lebensgefahr wissen Sie nichts? Der geht so: In der U-Bahn klebt ein Schild, auf dem steht sinngemäß: „beim Verlassen des Zuges auf freier Strecke besteht Lebensgefahr". Darunter auf Englisch etwa „... there is a risk of death" und auch auf Französisch, „... danger de mort". In allen anderen Sprachen wird also davor gewarnt, dass es tödlich ausgehen könnte, nur im Deutschen besteht in solchen Situationen die Gefahr, dass man lebt: „There is danger to life".

Ach so. Wissen und Grab. Gleichwohl gibt es eine gewisse Wissenskultur. Und das ist irgendwie beruhigend. Alte Kulturen, wie beispielsweise die römische, die griechische, aber auch die polynesische Kultur besaßen und besitzen Wissen; politisches Wissen, ethisches wissen, maritimes Wissen, Technikwissen.

Als der holländische Seefahrer und Entdecker Abel Tasman (*1603, †1659) im Jahre 1642 als erster Europäer Neuseeland erreichte war die Technik der Proas, der Segelkanus, schon seit hunderten von Jahren, wenn nicht seit Jahrtausenden entwickelt und etabliert. Die maritime Technik der Polynesier wurde nicht durch Schrift und Zeichnung von einer Generation zur nächsten übergeben, sondern durch Werk und Erzählung. Fundorte an der Westküste Perus weisen darauf hin, dass die Krabbenscherensegel der polynesischen

[4] Das Gesetz über Arbeitnehmererfindungen ist ein bundesdeutsches Gesetz zum Arbeitnehmererfinderrecht, das die Thematik von Erfindungen und technischen Verbesserungsvorschlägen angestellter Erfinder regelt. https://de.wikipedia.org/wiki/Arbeitnehmererfindung

Seefahrer schon vor 2000 bis 2700 Jahre vor unserer Zeitrechnung als tradierte Form und funktionstüchtige maritime Technik gegolten haben dürfen, letztendlich als resiliente Fahrsysteme mit Heimkehrvermögen. Die Technik der Polynesier und der Völker des pazifischen Raums, insbesondere die Navigations- und Schiffstechnik wurde von den Entdeckern in ihrer Exzellenz und Leistungsfähigkeit vollkommen unterschätzt, missachtet und mit einer gewissen Selbstgefälligkeit ignoriert, wohl weil diese merkwürdige Herangehensweise an Mobilitätsaufgaben den Konstruktionsparadigmen der alten Welt dieser Zeit nicht entsprach. Erst in jüngerer Zeit wurden theoretische Erklärungen der physikalischen Wirkungsweise und messtechnische Untersuchungen[5] zur maritimen Technik der Polynesier unternommen und bekannt. Zumindest ist dies ein Schritt in die richtige Richtung. Die richtige Richtung? Schon wieder so ein Sprachblubb. Ist es wirklich richtig im Sinne von rechtens, jahrtausendealte polynesische Technik kostenfrei „abzuschöpfen“?

Big Data? Museen sind für mich Big Data. Das Museum ist mein Labor für maritime Zukunftstechnik. So wie ich laufend Neues entdecke, in Büchern, die ich schon ein paarmal gelesen habe lese und lese, stehe ich gelegentlich vor einem Exponat, um es wieder und wieder mit neuen Augen zu lesen. Mein Umfeld langweilt das natürlich.

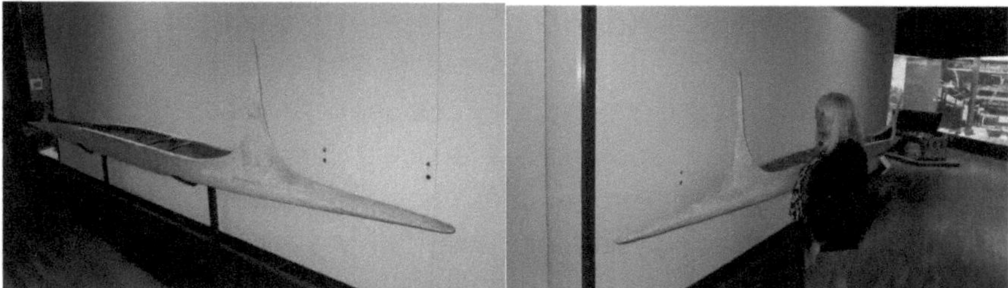

Abb.3: Eine Museumsbesucherin beim Big Data Digging. Hier: das Unterwasserteil eines polynesischen Bootes; ohne technische Beschreibung. Ethnologisches Museum Berlin; Mi. Dienst etwa 2015.

[5] Leistungsermittlung der Krabbenscherensegel, siehe: Marchaj, C. A. Sail Performance: Techniques to Maximise Sail Power.

Selten im Leben fehlten mir Worte; „ich weiß nicht, was es ist“. Nicht, was es sein könnte. Ein Einbaum vielleicht. Einbaum passt immer in der gesammelten ozeanischen Welt des Ethnologischen Museums Berlin. Es gilt das Fotografier-Verbot; außer für Anarchisten – zum Glück. Die Südseeabteilung ist in ein schummeriges Licht getaucht. Da sich die Ansteuerung der Blitzlichtautomatik der alten IXUS meines Intelligenzquotienten entzieht, sendet der Apparat automatisch verräterische Signale zum Bewachungspersonal. Ich brauche aber noch mindestens einen Schuss für das Krabbenscherensegel nebenan. Die Dame vom Personal ist zwar viel freundlicher als erwartet, bezüglich weiterer Ausnahmen aber unnachgiebig und für fachliche Auskünfte nicht zuständig. Wie schade. Am Sammlungsobjekt sucht der geneigte Betrachter ein Hinweisschild vergebens. Das ist aber nicht so schlimm, denn aus Erfahrung weiß ich, dass professionelle Taxierungen gelegentlich fehlliegen. Aus unterschiedlichen Gründen. Die fehlende Beschreibung ist museumspädagogisch geschickt eingefädelt. Die Deutungshoheit liegt nun beim Bedeuter. Der bedeutenste Bedeuter, Umberto Eco[6] würde das autonome semiologische Deuten sowieso bevorzugen. Also, wenn es von selbst geschieht. Fern, oder wenigstens separiert von Kognition. Damals, als diese kleine Episode spielt, lebt er ja noch, der alte Knurrhahn. Einzigartig, vielleicht auch oftartig, wir wissen es nicht, wie er die Ehrendoktorwürde einer deutschen Universität ablehnt, nicht weil er schon dreißig andere hätte, sondern weil ihm das deutsche Essen nicht bekomme, was – übersetzt aus dem Semiotischen – vielleicht heißen mag: „ich mag Euch nicht“. Ecos Semiotik macht genau das: Sie schaut den Wissen, aus unterschiedlichen Richtungen stammend, dabei zu, wie sie durch ein gemeinsames Öhr fließen, sich mischen oder auch nicht, miteinander eine wirbelig- komplexe Form annehmen oder um das Gegenteil zu tun, beim Einfach- und Genialwerden. Die Semiotik schafft mit methodischen Werkzeugen Kopplungen und Zusammenhänge von Wissen, die aus voneinander fremden vielleicht miteinander konkurrierenden (Wissens-) Quellen

---

[6] Umberto Eco (* 5. Januar 1932 in Alessandria, Piemont; † 19. Februar 2016[1] in Mailand, Lombardei) war ein italienischer Schriftsteller, Kolumnist, Philosoph, Medienwissenschaftler und wohl der bekannteste zeitgenössische Semiotiker. https://de.wikipedia.org/wiki/Umberto_Eco

herrühren. Eure Miner und vor Allem eure teuren Algorithmen könnten hier noch was lernen, Digger.
Und noch mehr. Hier, im Museum, kann das Indizien-Digging sogar ein passiver, nichtkognitiver Vorgang werden. Ich gehe regelmäßig mit (meistens jungen) Designern ins (meistens Technik-) Museum nicht ohne mich an ihrem Staunen und dem unaufhörlichen Gestaltwerden in ihren Köpfen zu erfreuen. Sie betreten einen Raum und sofort beginnt das autonom-semiotische Diggen. Das ist absolut professionell. Ihre Sinne graben sich in das Unmobile und erforschen es von allen Seiten und Blickwinkeln. Wahrscheinlich ist die unterbewusste Gestaltanalyse, das automatische Scannen von Form, das intuitive Zuordnen von Funktion und Funktionalität eine Berufskrankheit. Gerne würde ich so schön über Design sprechen, wie Umberto Eco es über das Lesen kann:

"Chi non legge, a 70 anni avrà vissuto una sola vita: la propria. Chi legge avrà vissuto 5000 anni: c'era quando Caino uccise Abele, quando Renzo sposò Lucia, quando Leopardi ammirava l'infinito. Perché la lettura è un'immortalità all'indietro."

„Wer nicht liest, wird mit 70 Jahren nur ein einziges Leben gelebt haben: Sein eigenes. Wer liest, wird 5000 Jahre gelebt haben: Er war dabei, als Kain Abel tötete, als Renzo Lucia heiratete, als Leopardi die Unendlichkeit bewunderte. Denn Lesen ist eine Unsterblichkeit nach hinten."[7]

Ja? „Micha, was ist das?" Ich entscheide mich für den Einbaum. Gefragt, zu schweigen oder Unsicherheit einzuräumen, entspricht bekanntlich nicht meinem Wesen. „Ein Einbaum, natürlich". Der ist jetzt gesetzt; komm damit klar, Micha; dozier mal schön. Zunächst ist

---

[7] Umberto Eco: le frasi più celebri, dai social al terrorismo[14]. Und ebendort: COMPUTER NON È INTELLIGENTE - "Il computer non è una macchina intelligente che aiuta le persone stupide, anzi, è una macchina stupida che funziona solo nelle mani delle persone intelligenti". Computer sind nicht intelligent: "Der Computer ist keine intelligente Maschine, die dummen Menschen hilft, im Gegenteil, es ist eine dumme Maschine, die nur in den Händen intelligenter Menschen arbeitet."

dieser Einbaum in zweierlei Hinsicht symmetrisch; Lateralsymmetrisch wie jedes „normale“ Schiff, aber auch zentralsymmetrisch, wie sonst keines, sage ich. Denkt der Westler. Und nüchtern betrachtet: Dieses Boot fährt somit nach vorn wie nach hinten. Genial. Aber warum? Das werden wir noch herausfinden. Aber noch einmal zurück. Der allererste Blick löste ein völlig anderes Gefühl aus: dieses Strömungsbauteil ist betörend schön. Seine funktionale Eleganz ist durch Rezentes, Moderne nicht zu übertreffen, daran besteht kein Zweifel. Eleganz und Funktion; das ist ein Kapitel für sich. Was schön ist, funktioniert auch gut. Auch wenn sich die funktionale Bestimmung dieses Einbaums sich mir hier und vor Ort nicht offenbaren will. Erst später zu Hause, beginne ich zu begreifen. Der Einbaum, das Einbaum, ist selbst nur ein Teil eines größeren Ganzen. Wahrscheinlich sehen wir hier den Ausleger eines polynesischen Doppelrumpfbootes. Die Rumpfspitzen sind horizontal elliptisch – ganz anders, nämlich 90-Grad-anders als es moderne Ingenieure entwerfen würden und entwerfen, einfach weil: wir sehen hier einen „Wave-Piercer“, ein polynesisches Foil. In ein paar Jahren werden wir alten und die anderen, nicht mehr so ganz jungen Designer derartige (die Herkunft wird verschwiegen werden, oder als unbekannt gelten) „Wave-Piercer Foils“ erfinden und patentieren. Das DPMA wird es abnicken und wiederum Andere werden damit Geld verdienen, halt: Geld machen, dem eigentlichen Motiv des Diggens. Aber ich möchte in diesem Aufsatz nicht über Moral sprechen. Meine und die der Anderen.

Was wir von der maritimen Technik der Polynesier heute „sehen“ können, sind schon weitestgehend domestizierte Objekte. Die große Gefahr des Diggens im Museum ist, vielleicht des Mining überhaupt, dass immer die Möglichkeit des Unvermögens, unseres Unvermögens, mitschwingt, dass wir westliche Interpretationen der Technik ferner, früher Völker sehen, dass wir den Dingen Funktionen zuschreiben, die keine sind, die wir aber zu sehen wünschen. Im Falle der Polynesier prägen die herrschen Gestaltungsparadigmen der Westler, die Sichtweise auf das fremde Ozeanische. Und nicht nur die Sichtweise.

Rotoren als sowohl Kraft- und als Arbeitsmaschine aus. Dieser Ansatz führt auf willkommene Vereinfachungen bei der Gestaltung der Rotorblätter.

Stand der Technik. Kleine foilende Seefahrzeuge.

Tragflügel- oder Tragflächenboote sind Hochgeschwindigkeitswasserfahrzeuge, die bei steigender Geschwindigkeit mittels des dynamischen Auftriebs unter Wasser liegender Tragflügel (Hydrofoils) während der Fahrt angehoben werden. Sobald der Rumpf das Wasser nicht mehr berührt, „schwebt" das Seefahrzeug über die Wasseroberfläche. Da sich dann nur ein kleiner Teil des Fahrzeugs (Tragflügel und Propeller sowie das Ruderblatt) unterhalb der Wasseroberfläche befindet, werden die Verdrängung und der Reibungswiderstand deutlich reduziert. Dadurch wird bei Motorfahrzeugen gleicher Antriebsleistung eine größere Geschwindigkeit erreicht. Hydrofoils werden auch zunehmend im Segelsport eingesetzt. Für kleine Segeljollen und für Segelsurfboards sind Hydrofoils Stand der Technik.

Problembeschreibung

Hydrofoils vom Stand der Technik sind einfache, robuste, effiziente und bezogen auf die Geometrie des Seefahrzeugs, vergleichsweise kleine Anbauten im Bereich des Unterwasser-schiffs. Allerdings ist die zur Vertikalbewegung des Seefahrzeugs erforderliche Querkraft-erzeugung von stationärer Art. Dies setzt der Optimierung des Bauraums eines Hydrofoils Grenzen.
Dynamische Auftriebssysteme, wie Rotationsflügelaggregate zur Anmontage im Unter-wasserbereich kleiner Seefahrzeuge, die das physikalisch-fluiddynamische Funktionsprinzip der Tragschrauber nutzen, sind nicht Stand der Technik.

Die maritimen Konstruktionen der Europäer wirken zurück auf die Gestaltung und Gestaltungsweisen jener Seefahrzeuge der Erbauer, der nunmehr „entdeckten“ Polynesier.
Das Wissen der Polynesier existierte, als es von Westlern noch nicht gewusst wurde. Dass dieses Wissen nicht, ähnlich den Gegenständen der Indigenen den Konstrukteuren entwunden wurde, ist vielleicht der Arroganz der Westler zu verdanken. Sollten wir postum dieses Wissen aus dem vielleicht nicht ganz freiwillig überlassenen Formen- und Wechselwirkungserz schmelzen und zur Grundlage maritimer Zukunftstechnik machen? Ist das Lauter? Denn die Frage ist, wem dieses alte, vielleicht noch nicht einmal als Wissen erkannte Wissen gehört? Klar, den Polynesiern. Und darf man das einfach so nehmen, das Wissen, ohne zu fragen? Wie das Bild oben? Nein, darf man nicht! Aber wie funktioniert dieses Nichtdürfen?
Die Bibliothek von Alexandria war die bedeutendste antike Bibliothek. Sie entstand Anfang des 3. Jahrhunderts v. Chr. in der kurz zuvor in Ägypten gegründeten makedonisch-griechischen Stadt Alexandria. Der Zeitpunkt des Endes der Bibliothek ist ungeklärt. Die Annahmen reichen von 48 v. Chr. bis ins 7. Jahrhundert. Oft geäußert wird die Ansicht, dass sie im 3. Jahrhundert der Zerstörung des gesamten Palastviertels von Alexandria zum Opfer fiel. Bisher sind keine Überreste der Bibliothek gefunden worden, jedoch bieten die Texte antiker Autoren einige Informationen[8]. Wie war das noch? Auf die Frage Caesars „das Volk und das Reich, oder die Bibliothek“ soll sich die Herrscherin für das Wissen der Welt entschieden haben. Was aber nicht half. Der Monumentalfilm Cleopatra (1963) gibt den Römern die Schuld an einem angeblich von Caesar verursachten Brand und der Zerstörung der Bibliothek. Oder geschah es im Jahr 642, als im Zuge der arabischen Eroberung Ägyptens auch die Stadt Alexandria an den Kalifen *Umar ibn al-Chattab* fiel, dieser die Zerstörung der Bibliothek befahl und Bücher, deren Inhalt dem Koran widersprachen zur Beheizung öffentlicher Bäder benutzt wurden? Es ist also doch eine zentrale Frage, ob Wissen brennen darf, verbrannt werden darf?

---

[8] https://de.wikipedia.org/wiki/Bibliothek_von_Alexandria

Problemlösung

Die Leistungsdichte eines Rotationsflügels ist aus physikalischen Gründen erheblich größer als die eines Starrflügels und damit auch eines flächen- und baurungleichen Hydrofoils vom Stand der Technik. Die Erfindung nach Anspruch 1 betrifft die Lehre über das gestalterische Prinzip eines Rotationsflügelaggregates zur Anmontage im Unterwasserbereich kleiner Seefahrzeuge. Das Rotationsflügelaggregat entspricht in seiner Betriebsweise in Fahrt der eines Hydrofoils vom Stand der Technik. In Fahrt erzeugt der Rotationsflügel Auftriebskräfte nach dem „Autogyro-Prinzip".

Erreichbare Vorteile

Das Rotationsflügelaggregat zur Anmontage im Unterwasserbereich kleiner Seefahrzeuge ist ein Sportgerät und dient in erster Linie dem Freizeitvergnügen. Da aber das gestalterische Prinzip der Anmontage und auch die Betriebsweise des Hydro-Copters der eines Hydrofoils vom Stand der Technik entspricht, kommt dem Rotationsflügelaggregat ein informativer und pädagogischer Wert bei. Theoretische Überlegungen lassen den berechtigten Schluss zu, dass das Rotationsflügelaggregat wesentlich weniger Bauraum erfordert als ein leistungsgleiches Hydrofoil vom Stand der Technik. Mit einem Rotationsflügelaggregat für kleine Seefahrzeuge wird bereits bei geringer Geschwindigkeit ein hoher Betrag an Auftriebskraft erzeugt, was energetisch und wirtschaftlich vorteilhaft ist.

Aufbau und Wirkungsweise.

Das Rotationsflügelaggregat nach Anspruch 1 dient zur Anmontage im Unterwasserbereich kleiner Seefahrzeuge. Das Rotationsflügelaggregat wird

Sollte ich jemals Wissen erzeugt haben, tagsüber am Arbeitsplatz oder abends auf dem Balkon, gehört dieses Wissen dann mir, oder einer Gesellschaft, die mich in aller Ruhe Wissen produzieren lässt, mich alimentiert, das Wissen finanziert? Sind es nicht hauptsächlich die Anderen, die mir die Mittel zur Verfügung stellen zu Wissen, die dafür sorgen, dass ich überhaupt in der Lage bin, hier und jetzt und früher und bald Wissen zu kreieren, poietisch zu sein?
Und sollte ich Wissen erzeugt haben um nun seit einiger Zeit immer vergesslicher zu werden, ist das nicht auch ein Verbrennen an sich? Gebe ich das Wissen meiner aufkeimenden Verblödung preis? Jetzt, wo die Ordnung meines Wissens aufbricht wie ein Hefehörnchen? Auch mit dem Begriff der Ordnung des Wissens, der Wissensordnung kann ich nichts kluges anfangen. Foucault[9] bezeichnet Wissensordnung als einen historischen Raum für das, was zu wissen und zu kommunizieren möglich ist[10]. Wissensordnung beinhaltet also auch das, was zukünftig einmal gewusst werden wird, jemals gewusst worden ist oder in früherer Zeit noch nicht gewusst wurde. Aber dann auftaucht. Protagonisten sind hier also die Wissenden und die Unwissenden der Vergangenheit, der Gegenwart und die zukünftig Wissenden und Unwissenden. In unterschiedlichen Kulturen war die Bedeutung von Wissen unterschiedlich bewertet. Für die Nationalsozialisten war die Wissenskultur Anderer eine Gefahr. Menschen mussten sterben, weil sie gelehrig waren, gebildet und die kulturelle und im ganzen Einzelnen auch die Erhaltung der Wissens- und Bildungskultur für die kommende Generation einforderten. Jüdische Familien bargen das alte Wissen. Es war geborgen in Schriften und Köpfen. Wissen und seine Geordnetheit ist damit auch der Willkür und der Gier der Macht einer gesellschaftlichen, auch gerade politischen Macht ausgesetzt, die es, das Wissen, zu kontrollieren, zu organisieren, kanalisieren und zu selektieren sucht. Oder ist es ganz anders? Wissen könnte ja auch die Almende, die Genossenschaft, das

---

[9] Foucault, Michel (1974): Die Ordnung der Dinge. Eine Archäologie der Humanwissenschaften. Frankfurt am Main: Suhrkamp.

[10] Der Poststrukturalist Michel Foucault veranschaulicht in seinem Text Die Ordnung des Diskurses, nach welchen Ordnungsmustern Diskurse entstehen, welche Struktur sie aufweisen und anhand welcher Verknappungs- und Kontrollprozeduren sich ihre Aufrechterhaltung und Weitertragung vollzieht. https://soziologieblog.hypotheses.org/4844

Allgemeingut, die Dorfwiese, das gemeinsame Eigentum Aller sein? Eine Wissensalmende, für die im englischen Sprachgebrauch der entsprechende Begriff *communs* verwendet wird. Gleichsam ist die Allmende keine (Rechts-) Form im Sinne des geltenden deutschen Zivilrechts oder sonstigen geltenden kodifizierten deutschen Rechts. Lediglich ein Gemeindebesitz oder ein Genossenschaftsbesitz schafft ähnliche Rechtspositionen[11]. Wissensordnungen sind von Ort zu Ort unterschiedlich und sie sind über die Zeit veränderbar. Man lebt dann eben in einer Epoche, in der Produktion, Lagerung, Verarbeitung, Handhabung und Entsorgung von Wissen, ihre Wertmuster und Wahrnehmungsformen in einer bestimmten Weise erfolgt, ja vielleicht zu erfolgen hat. Nach dem Gusto der Mächtigen. Unsere Epoche wird wohl jene sein, die das Wissen welches in einer Gesellschaft existiert, bereits den Konzernen übergeben hat. Dabei hätte man es kommen sehen müssen. Quatsch: ICH hätte es wissen können müssen, denn (Micha kramt jetzt sein vollkommen zerlesenes U-Bahn-Buch des Jahres, nun gut, schon des vergangenen Jahres aus der Rucksackvordertasche: „Philosophische und ökonomische Schriften[12]" heraus) hatte nach Marx die Auflösung des Gemeindelandes nicht schon im 15. Jahrhundert und damit auch das Ende einer Allen zugänglichen Wissensalmende eingesetzt? Immer dann, wenn Menschen etwas tun, wird auch Wissen generiert. Ist das „freie Wissen" das gemeinsame Erbe der Menschheit, auch und gerade dann, wenn es nur mehr oder weniger „freiwillig" erzeugt wurde? Es sind große Fragen, die an meine Epoche zu stellen sind. Und weil wir Alle in fast Allem Laien sind, sollten wir mitbestimmen, wer diese Fragen für uns beantworten will. Gefragt, würde ich behaupten, der heute lebende Marx könnte mir den Unterschied erklären: W-G-W kontra G-W-G. W-G-W. Ich verkaufe mein Wissen W gegen Geld G und benutze dieses Geld um wieder Wissen W zu erwerben. Ganz

---

[11] Der Begriff entstand im Hochmittelalter als mittelhochdeutsch al(ge)meinde, almeine oder almeide, Gemeindeflur' oder ‚Gemeinweide' und bezeichnete ein im Besitz einer Dorfgemeinschaft befindliches Grundeigentum innerhalb einer Gemarkung. https://de.wikipedia.org/wiki/Allmende

[12] Karl Marx (* 5. Mai 1818 in Trier; † 14. März 1883 in London) war ein deutscher Philosoph, Ökonom, Gesellschaftstheoretiker, politischer Journalist, Protagonist der Arbeiterbewegung sowie Kritiker der bürgerlichen Gesellschaft und der Religion. Zusammen mit Friedrich Engels wurde er zum einflussreichsten Theoretiker des Sozialismus und Kommunismus. https://de.wikipedia.org/wiki/Karl_Marx

anders G-W-G. Ich nehme Geld G in die Hand und erwerbe Wissen W um es dann wieder zu verkaufen, um daraus wieder Geld G zu machen. Ersetzen wir Wissen W durch den Begriff Ware W, wie es der „alte Marx" verwendet und folgen seiner Argumentation, dann ist G-W-G die Voraussetzung für „die Verwandlung von Geld in Kapital[13]". So wie die Zirkulation Ware-Geld-Ware, also etwa angefertigten Schuhe vom Schuhmacher gegen Geld verkauft werden, um dafür Nahrung und Kleider für die Familie zu bezahlen, Formel: verkaufen um zu kaufen, den Verkäufer existieren lassen, aber auch nicht sonderlich mehr, so schafft die Zirkulation Geld–Wissen-Geld heute Kapital. Das jetztzeitige G_1-W-G_2 ist – man gestatte mir Marx dieserart zu interpretieren – ein Algorithmus der Kapitalgewinnung, immer dann, wenn $G_1 < G_2$ ist. Kapital K taucht also auf nach der Form: $K=G_2–G_1$. Was würde der gute Marx wohl dazu sagen, dass beim Wissens-Diggen nur ein ganz kleines g-chen für G_1 aufgewendet werden muss, um die Kapitalmaschine hochtourig schnurren zu lassen? Ich sehe ihn, wie er sich lachend auf die Knie klopft. Da ist es ja, das verarmende Wissensprekariat. Aber leider ist niemand da, der ruft: "Prekarianer aller Länder vereinigt Euch".[14] Wir kommen deshalb nicht umhin zu befürchten, dass die Wissensordnung gerade heute, gerade jetzt, zum Spielball – was zunächst putzig klingt – zum Gegenstand, zum Instrument und zur Waffe jener merkwürdigen Mächtigen wird, die nähren. Seltsame Wirtschaftslenker, „Manager" darf man ja nicht mehr sagen, ähnlich wie „Jägerschnitzel" und „Mohrenkopf", fachfremdartige Politiker, die Fortschritte in der so genannten Wissensgesellschaft der Digitalisierung fordern und anmahnen, sagen uns selten oder nicht, was sie denn damit überhaupt meinen. Für wen arbeiten Sie eigentlich, Frau Merkel. Wem dient Ihr? Ich habe Angst vor Euch.

---

[13] Karl Marx. Zur Kritik der politischen Oekonomie. In: Philosohische und ökologische Schriften, REKLAM (2008) aus: Das Kapital / Erster Band / Buch 1: Der Produktionsprozess des Kapitals (1867/1890) Viertes Kapitel.

[14] Das Manifest der Kommunistischen Partei, auch Das Kommunistische Manifest genannt, ist ein programmatischer Text aus dem Jahr 1848, in dem Karl Marx und Friedrich Engels[1] große Teile der später als „Marxismus" bezeichneten Weltanschauung entwickelten. Das 23-seitige Werk besteht aus einer Einleitung und vier Kapiteln. Es beginnt mit dem heute geflügelten Wort: „Ein Gespenst geht um in Europa – das Gespenst des Kommunismus" und endet mit dem bekannten Aufruf: **„Proletarier aller Länder, vereinigt euch!"** https://de.wikipedia.org/wiki/Manifest_der_Kommunistischen_Partei

nachfolgend weiter als Hydro-Copter bezeichnet. Der Rotor R das Pylon WP und das Finnenterminal TER des Hydro-Copter bilden eine organisatorische und konstruktive Einheit. Die Abbildung Figur 1 zeigt skizzenhaft und schematisch das Rotationsflügelaggregat bestehend aus Rotor, Pylon und Finnenterminal in einer Anordnung zur Anmontage im Unterwasserbereich eines Segelsurfboards vom Stand der Technik. Die Tragflügel des Rotors R sind in geeigneter Weise, nach Stand der Technik und der Wissenschaft, zu profilieren. Der Querschnitt des Pylons WP soll eine strömungsmechanisch günstige Form aufweisen. Das Finnenterminal TER soll den handelsüblichen Standards vom Stand der Technik entsprechen.

<u>Bezeichnungen, verwendet in Skizze Figur 1</u>

TER Terminal (Finnen-)
R Rotor
WP Pylon
SAI Surfsegel*
BRD Segel-Surfboard*
KWL Konstruktionswasserlinie
HWL (Hoover-) Betriebswasserlinie
SDP Segeldruckpunkt
GSP Gewichtsschwerpunkt
EROT Rotationsebene *nicht Gegenstand der Erfindung

Segelsurfboard BRD und Segel SAI sind nicht Gegenstand der Erfindung. Der Rotationsflügel R des Hydro-Copters ist am distalen (dem Bootkörper abgewandten) Ende des Pylons „fliegend" gelagert und befindet sich im Betrieb des Hydro-Copters im Freilauf. Die Drehachse des Rotors und damit die Rotationsebene EROT ist gegenüber einer Senkrechten zur Hauptbewegungsrichtung geneigt derart, dass eine Anstellung gegenüber der Hauptströmungsrichtung herrscht. Dieser Anstellwinkel ist für die Wirkungsweise des Hydro-Copters wesentlich. Zum Antrieb eines Segelsurfboards dient das Surfsegel. Segeldruckpunkt SDP und Gewichtsschwerpunkt GSP

Die Frage nach dem Fortschritt und insbesondere der Digitalisierung der Welt, des Lebens und meines analogen Wesens, wird an anderer Stelle und von anderen noch gestellt werden. Und nein, von Greta[15] nicht. Für heute (102019) bleibt lediglich festzustellen, dass für Menschen ohne i-Phone, für Gestrige wie mich, Mobilität, Reisen beispielsweise, mit nichtselbstgesteuerten Verkehrsmitteln überhaupt nicht mehr möglich sind. Flugreisen, Bahnfahren, ja selbst der öffentliche Nahverkehr scheidet (mich) ohne digitale Applikationen auf elektronischen Geräten als Fortbewegungsmittel zukünftig aus. Wer heute keine Kreditkarte hat, bleibt in einer fremden Stadt faktisch ohne Unterkunft und Nahrung.

Nietzsche übrigens hatte eine vernünftige Ansicht vom Fortschritt: „Nicht fort sollt Ihr Euch entwickeln, sondern hinauf". Aber solcherart lustige Schmutzeffekte der Digitalisierung stehen mit dem Big-Data-Thinking nicht mittelbar in Verbindung. Aus meiner Sicht geht es zukünftig nicht einmal um den organisierten Datenklau, um den systematischen und politisch alimentierten Zugriff auf mein weniges Wissen über einen ganz kleinen Sachverhalt eines sehr großen Ganzen. Sondern mir geht es um die Dreistigkeit der Argumentation. Um das wahre Motiv hinter dem gepriesenen Data-Digging. Es geht um nicht weniger als um die unverhohlene Aufforderung sich einem fremden Datenschatz bewusst parasitär zu nähern, den Wirt bewusst abzuschöpfen, die Quelle auszusaugen und die absolute Dominanz über jene dummen schweigenden Lämmer auszuüben, die aus welchem Grund auch immer, fair spielen. Wissen Sie, Erkenntnisse zu generieren ist fast immer ein mühsames Geschäft. Man muss extrem sorgfältig arbeiten, Berechnungen und Simulationen wieder und wieder durchspielen, Messungen nach möglichst vielen Seiten absichern, wieder und wieder verifizieren. Man steht auch in der Verantwortung gegenüber Vorgesetzten, Kollegen und Mitarbeitern.

---

[15] Greta Tintin Eleonora Ernman Thunberg (* 3. Januar 2003 in Stockholm) ist eine schwedische Klimaschutzaktivistin. Ihr Einsatz für eine konsequente Klimapolitik findet weltweit Beachtung. Die von ihr initiierten „Schulstreiks für das Klima" sind inzwischen zur globalen Bewegung „Fridays for Future" (FFF) gewachsen. Mit den Schulstreiks möchte sie erreichen, dass Schweden das Übereinkommen von Paris einhält. Sie gilt als Favoritin für den Friedensnobelpreis 2019. https://de.wikipedia.org/wiki/Greta_Thunberg

sowie die Summe aller äußeren Kräfte stehen im stationären Zustand des Fahrsystems in einem Gleichgewicht zueinander. In Fahrt vollführt der Rotationsflügel R des Hydro-Copters nach Anspruch 1 eine Drehbewegung, die von einer passiven Beaufschlagung des Rotorsystems herrührt. Gleichzeitig liefert das Rotorsystem - gemäß der Physik einer fluidmechanischen Wechselwirkung mit dem umgebenden Medium - eine Schubkraft (Lift L), die hinsichtlich Größe und Wirkrichtung geeignet ist, das Seefahrzeug vertikal bis zur (Hoover-) Betriebswasserlinie HWL anzuheben. anzuheben. Dieses Wechsel-wirkungsgeschehen ist die Idee des Hydro-Copters nach Anspruch 1.

Weiterführende Literatur, Quellenhinweise und Entgegenhaltungen

[1] Prandtl, L., 1924, Induced drag of multiplanes, NACA TN-182.

[7] Woodward, R. et. al., 1991, Takeoff/ Approach Noise for a Model Counterrotation Propeller with a Forward Swept Upstream Rotor, NASA TM-105979, AIAA-930596.

[9] Avellán, R. & Lundbladh, A., 2012, Air Propeller Arrangement and Aircraft, US Patent Application US2012/0288474A1, filed on Dec 28, 2009.

[14] Brandt, J.B. & Selig, M.S., 2011, Propeller Performance Data at Low Reynolds numbers, AIAA-2011-1255.

Nicht zuletzt wird das erarbeitete Forschungsergebnis in der Lehre eingesetzt und als Hintergrundrauschen einer erfolgreichen Zusammenarbeit von den Studierenden Vertrauen erwartet und eine gewisse Gutgläubigkeit gegenüber den Forschenden eingefordert. Wissen und Erkenntnis kosten auch Geld, übrigens.
Oder vielleicht ist es ja auch ganz anders mit dem Datenklau, pardon, dem Data-Digging. Zarathustra ist mir bekanntlich sympathisch und „**Lass Dir nicht schenken, was Du auch rauben kannst**[16]" ein fester, aber irgendwie auch folgenfreier Bestandteil meiner väterlichen Überzeugungen und der Kindererziehung.

Und damit kommen wir zum eigentlichen Kern meiner Geschichte, kommen wir zur Kartoffelkiste. Zu Hause bin ich es, der sich um den Müll kümmert. Im Winter, im Sommer und hauptsächlich im Sommer. Denn da geht es ja bekanntlich schnell, mit den üblen Gerüchen aus dem Mülleimer. Ob es nun daran lag, dass ich tagsüber im Büro damit außer Haus arbeite, oder aber, was wahrscheinlicher ist, meine Rauchernase nicht mehr so ganz einwandfrei funktioniert, oder sich da in der sommerlichen Hitze etwas ganz heikles zusammenbraute, ist im Nachhinein ohne Bedeutung denn, er war es nicht, der Müll. Vielmehr verlangte die schon vor nunmehr fünfundzwanzig Jahren unglücklich gekaufte Fehlkonstruktion eines küchentlichen Gitterregals tätige Aufmerksamkeit. Offensichtlich hatte sich eine Zwiebel oder eine der ebendort gelagerten Kartoffeln des kontinuierlichen Verbrauchs entzogen. Wir alle hassen Ikea aber aus unterschiedlichen Gründen. Besagtes Küchenregal ist wirklich eine Gestaltungssünde und mir graut schon vor der übernächsten Demontage, denn ohne die ist dieses Wackelding nicht zu reinigen. Wie in allen Küchen ist alles eng und wie in allen Küchen kommen Gitterregaldemontagen und Berichte darüber immer zum falschen Zeitpunkt. So wie jetzt. Und eigentlich beginnt die Geschichte irgendwann in der grauen Vorgeschichte dieses Fehlkaufs. Es ist eine gute Sitte, den trocknen Zwiebelschalen und der Erde der Kartoffeln

---

[16] Nach Friedrich Wilhelm Nietzsche, * 15.10.1844, † 25.08.1900 sinnähnlich nach: Zarathusstra III Vers 4, ... Überwinde dich selber noch in deinem Nächsten: und ein Recht, das du dir rauben kannst, sollst du dir nicht geben lassen!

im untersten Fach den gravitationsbedingten Weg nach ganz unten zu versperren. Nein, ich fange noch anders an. Ganz und gar keine gute Sitte ist es, ein Messi zu sein; etwa ein Zeitungsauschnittsmessi. Es ist dabei wesentlich und so eine Art Naturgesetz, dass Zeitungsausschnittsmessies häufiger als andere Lasterbehafteten in den Verdacht geraten, unnütze Zeitungsausschnitte zu sammeln.
Familienmitglieder, Mitbewohner, Partner, Kinder und deren Kinder haben, zumindest bei uns zuhause, das Recht, ach, ja und Schwiegermütter, also das irgendwann und irgendwie erworbene Recht, herumliegende oder durch den Wind des in den Rauchpausen offenen Balkons herumfliegende Zeitungsausschnitte in den Papiermüll zu entsorgen. Da ich es ja bin, der den Müll runterbringt, Winter und Sommer und ganz besonders im Sommer, Sie erinnern sich, ist es natürlich besonders demütigend die eigenen Zeitungsauschnitte zusammen mit allerlei nützlichen Ausdrucken aus dem papierlosen Büro, eingesammelt in der heimischen Wohnung, aus eben dieser zu tragen und ins tödliche blau der Papiermülltonne rutschen zu lassen.
Letzte Woche war Neil Young in der Stadt. Natürlich wusste ich davon. Dass ich ihn verpasst hatte, lag gewiss nicht an einem Mangel an Überblick oder Informiertheit, sondern an dieser ewig schaurig unheiligen Kombination aus tätigem Geiz und zelebrierter Armut. Ich sage mir immer, dass ich für eine Karte, selbst in der letzten Reihe und stehend – wer sitzt schon bei „You are like a Hurricane“[17] - fünf CDs kaufen könnte. Es aber dann doch nicht tue. So war es immer und so langweilig geht also mein Dasein dahin. Chick Corea, Led Zeppelin, Mothers Cake – nein da war es anders, dafür war ich einfach zu alt – was hätte ich im Leben Spaß haben können. So im aktuellen Fall der Waldbühne. Tags darauf lese ich in der Zeitung, dass er Hurricane nicht gespielt hat, er wolle es den Dresdnern schenken! Aha, denke ich und schneide den Artikel aus, falte ihn, damit er in die LP-Hülle passt, oder eben nicht passt, weil da schon ein zusammengefalteter Schnipsel drinsteckt. Er muss also in den letzten zwanzig Jahren schon mal hier gespielt haben, denke ich, aber

[17] Like a Hurricane ist ein Lied von Neil Young, das 1977 auf dem Album American Stars 'n Bars veröffentlicht wurde. https://de.wikipedia.org/wiki/Like_a_Hurricane

nein, es ist der Nachruf auf Roy Buchannan, der berühmteste aller unbekannten Bluesrock-Gitarristen[18], der - warte mal, aha - im August 1988 starb. Auch nicht schlecht. Eigentlich müsste der Buchanan doch in der BUCHANAN stecken. Eigentlich. Ausgeliehen, wie viele andere. Auch die CACTUS hat Emigrationsstatus. Warum klaut uns eigentlich keiner den Beethoven, diesen Verschwender. Big Data bedeutete zu seiner Zeit wohl die Kunst, eine Symphonie mit so vielen Stimmen anzureichern, dass man sogar noch an die kleinste Triangel ein Packet Notenblätter verkaufen konnte. Diese sind bis heute urheberrechtlich geschützt. Hier klappt das wenigstens. Sony Music hatte 2018 versucht, ein Urheberrecht für eine Partitur von Johann Sebastian Bach durchzusetzen. Konkret ging es um ein Video, das den Musiker James Rhode zeigt, der auf einem Klavier Bach spielt. Sony reklamierte 47 Sekunden davon als Urheberrechtsverletzung, wie Ars Technica[19] berichtet. In Wirklichkeit sind Bachs Werke gemeinfrei! Offenbar hatte ein automatisch aktivierter Uploadfilter zugeschlagen, was zu sogenanntem "Overblocking" von legalen Inhalten führen kann. Das EU-Parlament hat sich inzwischen dafür ausgesprochen, derartige Filter verpflichtend beim Upload von Nutzerinhalten einzusetzen. Einer so genannten Gemeinfreiheit[20] unterliegen alle geistigen Schöpfungen, an denen keine Immaterialgüterrechte, insbesondere kein Urheberrecht, bestehen. Eine Public Domain (PD) ist ähnlich, aber nicht identisch mit der europäischen Gemeinfreiheit. Nach dem Schutzlandprinzip ist Gemeinfreiheit nach der jeweiligen nationalen Rechtsordnung, in der eine Nutzung vorgenommen wird, geregelt. Damals – wir schrieben den 17.07.2019 - ist Ursula von der Leyen mit einer hauchdünnen Mehrheit zur neuen EU-Kommissionspräsidentin gewählt worden. Ich war entsetzt. Die Bundeswehr gegen die Wand zu fahren reicht offenbar nicht.

---

[18] Hannes Fricke: *Mythos Gitarre: Geschichte, Interpreten, Sternstunden.* Reclam, Stuttgart 2013, ISBN 978-3-15-020279-1, S. 39.

[19] https://www.derstandard.de/story/2000087496984/nutzer-spielte-auf-klavier-bach-sony-wollte-copyright-durchsetzen

[20] Gemeinfreie Güter können von jedermann ohne eine Genehmigung oder Zahlungsverpflichtung zu jedem beliebigen Zweck verwendet werden. Wer Immaterialgüterrechte geltend macht (Schutzrechtsberühmung), obwohl das Gut in Wahrheit gemeinfrei ist, kann Gegenansprüche des zu Unrecht in Anspruch Genommenen auslösen. https://de.wikipedia.org/wiki/Gemeinfreiheit

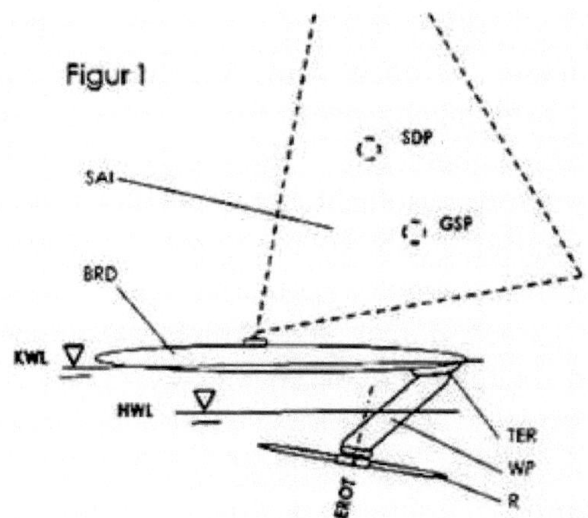

Ansprüche

1. Rotationsflügelaggregat zur Anmontage im Unterwasserbereich kleiner Seefahrzeuge, das in seiner Betriebsweise einen Hydrofoil vom Stand der Technik entspricht, dadurch gekennzeichnet,

   dass der Rotationsflügel zweiarmig und seine Arbeitstragflächen an einem Pylon freifliegend gelagert ausgeführt sind.

2. Rotationsflügelaggregat zur Anmontage im Unterwasserbereich kleiner Seefahrzeuge nach Anspruch 1 dadurch gekennzeichnet,

   dass die vom Rotationsflügel erzeugte Querkraft zu einer vertikalen Hubbewegung des Seefahrzeugs genutzt werden kann.

Nach dem Abgang des Herrn zu Guttenberg, wurde das Desaster seiner zum Glück kurzen Amtszeit durch massiven Beratereinsatz bei der Bundeswehr unter Fr. Dr. von der Leyen auch noch weiter ausgebaut und großgehegt. Das war 2013. Und jetzt das. Willkommen in (meinem?) Europa. Beraterverträge (wir sprechen hier übe mindestens 10 000 Verträge in ihrer Amtszeit) in dreistelliger Millionenhöhe, Verdacht auf Rechtsbruch und auf Vetternwirtschaft im Verteidigungsministerium machen sich in Bewerbungsunterlagen besonders gut. Aber die Ferne oder sogar Abwesenheit von Verantwortungspflicht hatte im Hause Albrecht[21] eine lange Tradition. Haftet denn kein einziger Politiker, keine Politikerin für seine/ihre Arbeitsergebnisse im Sinne von Urheberschaften? Wir sprechen hier von Projektmanagement für Rüstungsvorhaben, von digitalen Projekten und Cybersicherheit im Militärbereich und ich spreche von der Möglichkeit einer freiwilligen Selbstbeschränkung. Im Versagensfall. In ihrer am Vortag veröffentlichten "Agenda für Europa", schreibt die dieserart beratene Dr. Ursula von der Leyen: "Ein neues Digitale-Dienste-Gesetz wird unsere Haftungs- und Sicherheitsregeln für digitale Plattformen, Dienste und Produkte erweitern". Der Satz macht nix falsch, das muss ich gestehen. Wenigstens McKinsey[22] hat seine beziehungsweise ihre, von der Leyens, Hausaufgaben gemacht.

Musopen ist kein Dosenöffner für Apfelbrei, sondern Musopen heißt eine Internetseite, mit Musikwerken von etwa 200 Komponisten, eingespielt von unterschiedlichen Orchestern und Künstlern zum herunterladen, anhören, aufführen, abwandeln. Sämtliche Werke sind public domain, also nach amerikanischem Recht öffentliches Gut

[21] Ernst Carl Julius Albrecht (* 29. Juni 1930 in Heidelberg; † 13. Dezember 2014 in Burgdorf)[1] war ein deutscher Politiker (CDU). Er war von Januar 1976 bis Juni 1990 Ministerpräsident von Niedersachsen. Als Ministerpräsident traf Albrecht 1977 die Entscheidung, im dünn besiedelten Landkreis Lüchow-Dannenberg in unmittelbarer Nähe zur innerdeutschen Grenze ein „Nuklearzentrum" zu errichten. Dieses sollte ursprünglich neben einem Zwischenlager für Atommüll bei Gorleben auch das zentrale deutsche Atommüllendlager, ein neues Atomkraftwerk an der Elbe bei Langendorf und eine Wiederaufarbeitungsanlage für Uranbrennstäbe in Dragahn umfassen. https://de.wikipedia.org/wiki/Ernst_Albrecht

[22] Nicht nur von McKinsey, sondern auch von Accenture, einem weltweit tätigen Unternehmen, das Managementberatung und Technologie-Dienstleistungen anbietet. Accenture steht nun im Zentrum der Berateraffäre. Wie der „Spiegel" in seiner aktuellen Ausgabe berichtet, machte Accenture 2014 mit der Bundeswehr 2014 insgesamt 459.000 Euro Nettoumsatz. Das steigerte sich rapide: 2017 seien es schon 4,2 Millionen gewesen, 2018 dann rund 20 Millionen. https://www.tagesspiegel.de/politik/23916264.html

und dürfen damit zu jedem Zweck frei und kostenlos verwendet werden[23]. Wie wunderbar, auch das wohltemperierte Klavier (BWV 846 bis 869) ist dabei. Aber wer spielt dort? Das ist doch entscheidend; zumindest bei Johann Sebastian Bach. Im New Yorker Auktionshaus Bonhams wurden Glenn Goulds handschriftliche Notizen einer Partiturvorlage der Goldberg-Variationen zum Preis von 100 000 Dollar versteigert. Ich würde sagen, Glenn Gould hat nicht nur seine Partituren vollgekritzelt, sondern sicher auch Zeitungs-schnipsel gesammelt und kryptisch verborgen, egal.
Andere wichtige Zeitungsausschnitte finden andere Lagerungsorte. Ich baue also das IKEA-Gitterdings nicht auseinander, sondern liege auf dem Boden und grabsche nach allem was sich glitschig anfühlen könnte, dort unten im Unzugänglichen. Und werde nicht fündig. Das ist gut. Und irgendwie stinkt es auch überhaupt nicht mehr. Komischer Weise. Jetzt wo das Gitterregal leergeräumt ist, wechsele ich das Zeitungspapier, das dort als Krümelbremse arbeitet. So die Absicht. Es ist aber kein Zeitungspapier, sondern ein paar DINA4 Blätter und ich erinnere mich in diesem Moment, dass es eine weitere, über das Zeitungsausschnitteverstecken hinausgehende Diskussion mit meinen Lieben gab und gibt darüber, ob vielleicht die Druckerschwärze die Zwiebeln toxiologisch...und so weiter, Sie kennen solche Überlegungen oder sagen wir es so: nachgiebige Zeitungsschnipselmessisis kennen das Thema und unterliegen automatisch-adaptiv der Vernunft der Anderen. So auch jetzt. Ich finde ein angebrochenes Päckchen Weihnachtsservietten und nestele die Pustebackenengelchen, in die einachtelaufziehbare Gitterschublade. Jetzt ist alles chick und ich habe mich, wie ich finde, elegant um die De- und Montage des Regalchens geschummelt, ein ambulante Quasi- Lösung. Aus den alten Kartoffeln und Zwiebeln und Knoblauchzehen werde ich nachher eine leckere Pfanne zubereiten; eine win-win-Situation, wie ich sie liebe, wie sie sonst keiner, niemand.., kurz: I love me! Halt, was ist das? Die Kartoffelblätter sind bedruckt,

---

[23]Lizenzfreie Musik. Diese Seite erlaubt Ihnen nach unserer Musik zu suchen, indem Sie entweder, den Komponisten, den Künstler, das Instrument, die Form oder den Zeitraum auswählen.
Gratis herunterladen oder für später speichern. https://www.zeit.de/digital/internet/2012-09/musopen-musik-public-domain

ich selbst beeindruckt. Das ist doch Courier88, das ist von? Das bin doch, .. auf der GABRIELE[24] geschrieben? Me?? „Are you talkin' to me?"[25]. Könnte sein. Den Zeiten ja, aber der Reiseschreibmaschine trauere ich keinen Moment nach. Damals hatte „Hacken" noch eine ganz andere Bedeutung, denn nachts zu arbeiten, wenn andere schlafen wollen, ging gar nicht. Gott, habe ich dieses TippEx gehasst. Es gab so eine selbstauferlegte Tippfehlerschwelle, die einem nahelegte, das Blatt noch einmal neu anzufangen. Wenn du dieses Pivot-Element in der drittletzten Zeile erreichst, musst du entweder schummeln oder die Seite mit solch einem Schwung aus der Rolle ziehen, dass sie nachrotiert. Das macht erst mal Krach. Aber die Zeiten sind vorbei. Ich schaue mir die Blätter näher an. Kein TippEx, aber alles sauber durchgeschlagen: Von Männerhand im Zweifinger-Suchverfahren. Das erste spricht dagegen, das Zweite dafür. Courier, die alte Triumpf, könnte also sein. Aber was ich lese, ist fremdartiger als die berühmte 'Are you talkin' to me?'-Spiegelszene. Und sinnreich. Es ist eine Patentschrift.

Die Reste sind absolut brauchbar, Kartoffeln und die Zwiebeln reichen für eine große Pfanne und finden an jenem Tag abends dann dankbare Abnehmer. Jetzt, drei Tage später und so auf den zweiten Blick, schaue ich das Papier, finde ich den Inhalt des Textes durchaus spannend, besonders aber die Frage: Wem gehört das? Dass ich mich nicht daran erinnern kann, einen Text geschrieben zu haben, ist überhaupt nicht ungewöhnlich; allerdings scheint er genügend lange gelagert zu haben, um mich daran erinnern können zu sollen. Nichts verbessert sich im Alter besser als das Kurzzeitgedächtnis. Es wird immer kürzer. Sehr wahrscheinlich also, stammt der Text von mir.

---

[24] Die TA Triumph-Adler GmbH (vormals *TA Triumph-Adler AG*) mit Sitz in Nürnberg hat sich von einem Bürogerätehersteller zu einem Anbieter von Dienstleistungen in dem Bereich Managed Document Service (MDS) gewandelt. Das Unternehmen gehört mittlerweile dem Kyocera-Konzern an und ist international an sechzig Standorten vertreten. Die erste Reiseschreibmaschine von Triumph wurde 1928 vorgestellt. Das Modell *Durabel* wurde mit Holzkoffer geliefert. 1956 bekam die *Durabel* schließlich ein neues Aussehen. Und wenig später in *Gabriele* umbenannt, als Triumph-Adler von Grundig übernommen wurde und sich die *Triumph-Adler-Büromaschinen-GmbH* etabliert hatte. Benannt wurde die Maschine nach Herrn Grundigs Enkelin.

[25] Robert De Niro wasted no time in giving his fans what they wanted at Thursday night's 40th anniversary screening of Taxi Driver at the Tribeca film festival in New York. "Every day for 40 fucking years," he said in introducing the film, "at least one of you has come up to me and said – what do you think – 'You talkin' to me?'"

Selbst, wenn ich nicht derjenige war, der die Blätter in die Kartoffelkiste versteckte, selbst dann, oder? Aber gehört er auch mir. Und wenn er mir gehört, dann kann ich doch damit machen was ich will? Wie lange haben die vier, fünf Seiten jetzt da unten herumgegammelt? Drei Jahre, vier vielleicht? Und müssten sie nicht viel älter sein? Ist damals 1991, die alte Triumpf wirklich mit umgezogen oder haben wir sie irgendwann auf halber Strecke „verliehen" wie CACTUS? Zwanzig, dreißig, vielleicht vierzig Jahre sind wirklich ein Pfund. Damals wusste ich noch nicht, wie das alles ausgehen wird. Trifft man dann andere Entscheidungen? Habe ich mich verändert? Hätte ich damals verschenkt, was ich heute verschenke? Ja, ich glaube schon, bei Lichte betrachtet.
Bei Küchenlichte betrachtet sehe ich mich immer noch auf dem Boden liegen. Und schaue auf mich herab. Der Michel. Klar, diese Blondine, gefangen im Körper eines alten Sackes, wie ein Segelkamerad letztens anmerkte. Vor dem Hintergrund meiner Arbeitsgeschwindigkeit anmerkte; dieser altersautistische Depp wird doch wohl jetzt keine weiteren psychischen Metamorphosen durchleben wollen und etwa so ein Urheberrechtsfass aufmachen. Also, Digger, Fettsack, wie hättest Du dich damals verhalten, wie würdest Du Dich heute verhalten? Du teilst doch alles und immer und gerne! Ich weiß noch gut, es ist ja mal gerade diese gleichen dreißig, vierzig Jahre her, da hattest Du in jeden Stapel Lochkarten deiner selbstgeschriebenen FORTRAN-Programme, immer noch so kleine Mätzchen eingebaut, hattest Karten wie „end of saeckchen" eingeschmuggelt, erinnere ich mich. Und das doch nur, weil du dem Personal von Rechenzentrum nicht trautest. Damals war nämlich ein Computer begehbar und so groß wie eine Dreizimmerwohnung, das Terminal eine Glastür mit Klingel und die Warteschlange war eine Frau. Und du, ja du hattest wirklich eine Heidenangst, dass deine (wahrscheinlich wertlosen) Prográmmchen von irgendjemanden geklaut werden könnten; was für ein scheinheiliger Narzisst du doch warst; ha, heute noch bist. Auch erinnere ich mich an zahllose Patente und Gebrauchsmuster. Das macht man doch nur, wenn man allen, Gott und der Welt, misstraut. Warum solltest gerade DU

Wissen verschenken? Weil du deinen Zarathustra gelesen hast, sicherlich nicht! Ist jetzt eigentlich schon geklärt, ob dieser Text überhaupt von Dir, Micha, stammt? Reicht da die, wenn auch nicht geringe, Wahrscheinlichkeit dass es so sein könnte, schon aus?

Oder reicht es aus, ein netter Mensch zu sein? Nach deutschem Recht ist durchaus umstritten, ob ein Verzicht auf das Urheberrecht an einem Werk zugunsten der Allgemeinheit überhaupt möglich ist[26]. Na, ja, wahrscheinlich doch. Die momentane Auffassung ist in etwa so: Bei Aufgabe des Urheberrechts zugunsten der Allgemeinheit gibt es keinen einzelnen Begünstigten und daher auch keine Ausbeutung. Diese Auslegung hält die Entlassung eines Werkes in die Gemeinfreiheit auch nach deutschem Urheberrecht für zulässig. Im § 32 Angemessene Vergütung des UrhG heißt es in Absatz 3 Satz 3: „Der Urheber kann aber unentgeltlich ein einfaches Nutzungsrecht für jedermann einräumen." Dieses Einräumen ist etwas offensichtlich Tätiges. Es bedingt Handeln, etwa wie beim Ausräumen von Kartoffeln und Zwiebeln aus dem Gitterregal, beispielsweise. Obwohl, eine geplatzte Einkaufstüte hat auch etwas Ausräumendes. Geschehen solche Dinge von selbst? Fand in deiner Kartoffelkiste unbemerkt die Entlassung eines Werkes in die Gemeinfreiheit statt? Und in welcher Beziehung steht der poietieche Mensch zu eben jener Gemeinfreiheit? Gibt ein Tänzer sein Werk frei, wenn er tanzt, eine Sängerin die Arie, wenn sie übt? Der Schöpfer eines Textes, seines Werkes, hat das Recht, auf seine finanziellen Einkünftemöglichkeiten zugunsten der Allgemeinheit zu verzichten. Und genau dieses Recht möchtest Du Dir jetzt nicht schenken lassen. Also sind wir zurück auf Los. Auf Nietzsche. Nein wir sind zurück gelangt zur Anfangsfrage, ob das methodische Datenschürfen die Wissenschaft ersetzen will.

[26] Die wohl herrschende Meinung schließt dies unter Berufung auf § 29 UrhG-D bzw. § 19 UrhG-Ö aus. Daher gibt es dort keine Gemeinfreiheit durch Rechteverzicht wie in den USA, wo auf alle Rechte verzichtet werden kann und das Public-Domain-Werk den gleichen Status besitzt wie ein noch nie oder nicht mehr geschütztes Werk. https://de.wikipedia.org/wiki/Gemeinfreiheit

Epilog

Inzwischen liegt der Zorn und damit der Auslöser dieses Textes ein halbes Jahr zurück. Ich habe mit Freunden und meinen Lieben über das Thema BIG DATA gesprochen und mich ein wenig beruhigt (the pain is gone...). Aber aus berufenem Munde gehört zu haben: „wir forschen nicht mehr, wir DIGGEN jetzt“, schmerzt (.. but not forgotten![27]). Inzwischen ist BIG DATA offizielles Programm einiger Hochschulen. Die Sorgen um die Gefahren des DATA MININGs sind aber eher nicht so sehr das Motiv der gefeierten Verantwortlichen, befürchte ich. Vielleicht bin ich ja nur ein wenig zu empfindlich. Oder es ist Neid. Auf die zukünftige Welt. Zu der ich nicht mehr gehöre.

Die Kartoffelkiste habe ich tatsächlich dieser Tage mal wieder gereinigt. Und ja, es befand sich kein Patent darin, nur ein paar ausrangierte Osterhasenservietten. Den HydroCopter gibt es tatsächlich. Nicht in der materiellen Realität einer bewegbaren Maschine, sondern nur in meiner altersautistischen Wirklichkeit. Der Wechselwirklichkeit standrechtlicher Verbrennungen auf dem (Led) Zeppelinplatz in Berlin Wedding. Patent-Verbrennungen finden hier regelmäßig statt. Es ist immer ein Riesenspaß. Kommen Sie doch mal rum. Ängstliche Naturen lesen vielleicht lieber das kleine Paper: Amerkungen zur Theorie fluidmechanischer Hydro-Copter[28].

---

[27] Nach Neil Young.

[28] [Fel 19-9] Felgenhauer, Mi. (2019) Amerkungen zur Theorie fluidmechanischer Hydro-Copter. Some Thoughts about Hydro-Copters. GRIN-Verlag GmbH München, Anr.: v 493298. ISBN(e-Book: 9783668994522, ISBN(Buch): 9783668994539

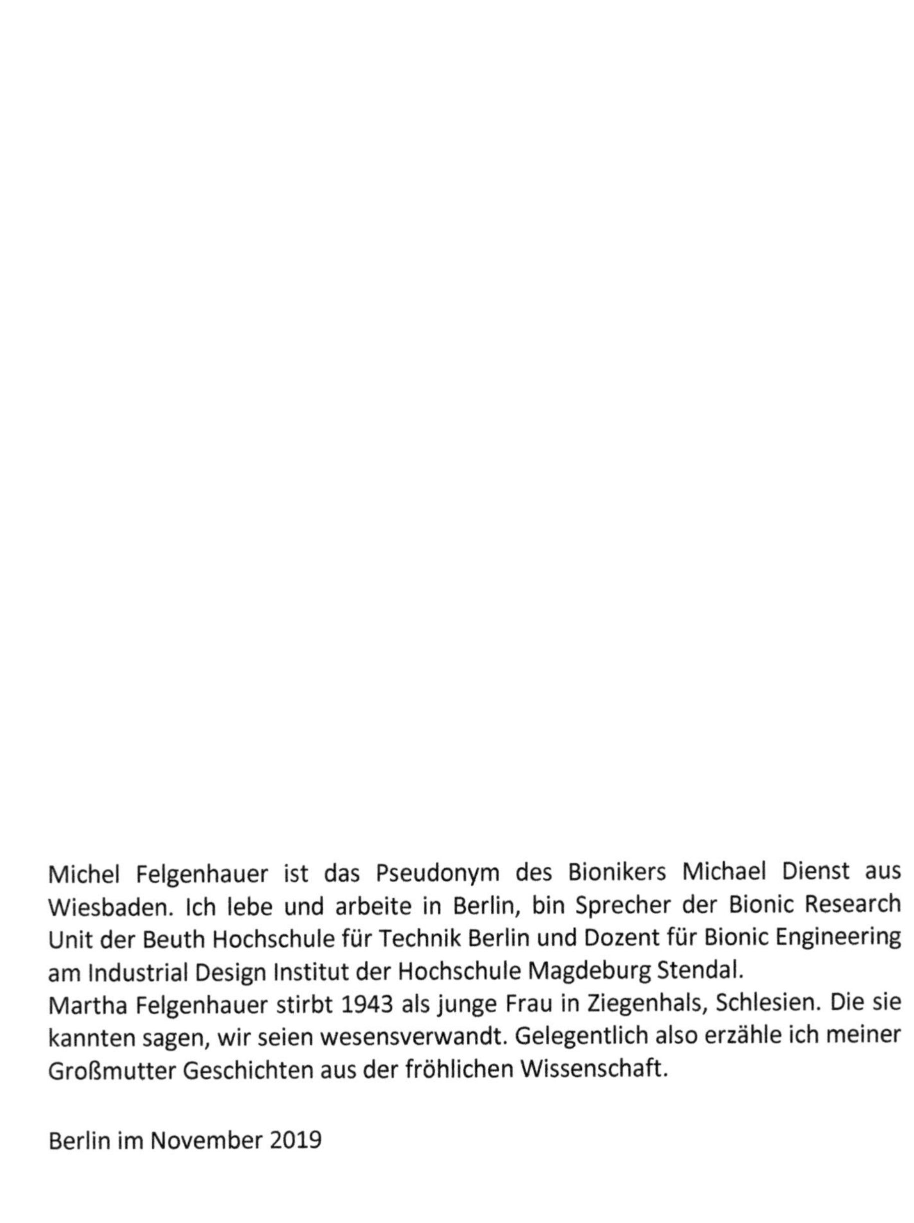

Michel Felgenhauer ist das Pseudonym des Bionikers Michael Dienst aus Wiesbaden. Ich lebe und arbeite in Berlin, bin Sprecher der Bionic Research Unit der Beuth Hochschule für Technik Berlin und Dozent für Bionic Engineering am Industrial Design Institut der Hochschule Magdeburg Stendal.
Martha Felgenhauer stirbt 1943 als junge Frau in Ziegenhals, Schlesien. Die sie kannten sagen, wir seien wesensverwandt. Gelegentlich also erzähle ich meiner Großmutter Geschichten aus der fröhlichen Wissenschaft.

Berlin im November 2019

BigDataGlossar

ALDI

Aldi (Eigenschreibweise ALDI, steht für Albrecht Diskont) bezeichnet die beiden Discount-Einzelhandelsketten Aldi Nord und Aldi Süd. Es handelt sich um zwei separate Unternehmensgruppen, die jeweils aus mehreren dutzend voneinander unabhängigen Regionalgesellschaften bestehen. Diese Unternehmen erwirtschaften zusammengenommen einen höheren Umsatz als jede andere deutsche Einzelhandelgruppe. Aldi zählt zu den zehn größten Einzelhandelsgruppen weltweit.
https://de.wikipedia.org/wiki/Aldi

BIG-DATA

Der aus dem englischen Sprachraum stammende Begriff Big Data [ˈbɪɡ ˈdeɪtə] (von englisch big ‚groß' und data ‚Daten', deutsch auch Massendaten) bezeichnet Datenmengen, welche beispielsweise zu groß, zu komplex, zu schnelllebig oder zu schwach strukturiert sind, um sie mit manuellen und herkömmlichen Methoden der Datenverarbeitung auszuwerten.

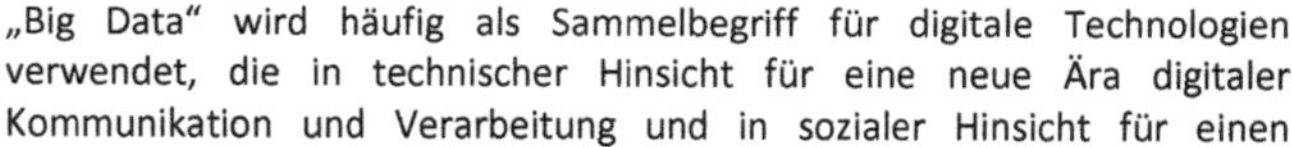

„Big Data" wird häufig als Sammelbegriff für digitale Technologien verwendet, die in technischer Hinsicht für eine neue Ära digitaler Kommunikation und Verarbeitung und in sozialer Hinsicht für einen gesellschaftlichen Umbruch verantwortlich gemacht werden. Dabei unterliegt der Begriff als Schlagwort einem kontinuierlichen Wandel; so wird mit ihm ergänzend auch oft der Komplex der Technologien beschrieben, die zum Sammeln und Auswerten dieser Datenmengen verwendet werden.
https://de.wikipedia.org/wiki/Big_Data

DATA-DIGGER, Data mining, Textmining

Data mining is the process of discovering patterns in large data sets involving methods at the intersection of machine learning, statistics, and database systems.Data mining is an interdisciplinary subfield of computer science and statistics with an overall goal to extract information (with intelligent methods) from a data set and transform the information into a comprehensible structure for further use. Data mining is the analysis step of the "knowledge discovery in databases" process or KDD. Aside from the raw analysis step, it also involves database and data management aspects, data pre-processing, model and inference considerations, interestingness metrics, complexity considerations, post-processing of discovered structures, visualization, and online updating.
The term "data mining" is a misnomer, because the goal is the extraction of patterns and knowledge from large amounts of data, not the extraction (mining) of data itself. It also is a buzzword and is frequently applied to any form of large-scale data or information processing (collection, extraction, warehousing, analysis, and statistics) as well as any application of computer decision support system, including artificial intelligence (e.g., machine learning) and business intelligence. The book Data mining: Practical machine learning tools and techniques with Java (which covers mostly machine learning material) was originally to be named just Practical machine learning, and the term data mining was only added for marketing reasons. Often the more general terms (large scale) data analysis and analytics – or, when referring to actu al methods, artificial intelligence and machine learning – are more appropriate. https://en.wikipedia.org/wiki/Data_mining

ext Mining, seltener auch Textmining, Text Data Mining oder Textual Data Mining, ist ein Bündel von Algorithmus-basierten Analyseverfahren zur Entdeckung von Bedeutungsstrukturen aus un- oder schwachstrukturierten Textdaten. Mit statistischen und linguistischen Mitteln erschließt Text-Mining-Software aus Texten Strukturen, die die Benutzer in die Lage versetzen sollen, Kerninformationen der verarbeiteten Texte schnell zu erkennen. Im Optimalfall liefern Text-Mining-Systeme Informationen, von denen die Benutzer zuvor nicht wissen, ob und dass sie in den verarbeiteten Texten enthalten sind. Bei zielgerichteter Anwendung sind Werkzeuge des Text Mining außerdem in der Lage, Hypothesen zu generieren, diese zu überprüfen und schrittweise zu verfeinern.
https://de.wikipedia.org/wiki/Text_Mining

Emergenz, emergieren,

Emergenz (lateinisch emergere „Auftauchen", „Herauskommen", „Emporsteigen") bezeichnet die Möglichkeit der Herausbildung von neuen Eigenschaften oder Strukturen eines Systems infolge des Zusammenspiels seiner Elemente. Dabei lassen sich die emergenten Eigenschaften des Systems nicht – oder jedenfalls nicht offensichtlich – auf Eigenschaften der Elemente zurückführen, die diese isoliert aufweisen. So wird in der Philosophie des Geistes von einigen Philosophen die Meinung vertreten, dass Bewusstsein eine emergente Eigenschaft des Gehirns sei. Emergente Phänomene werden jedoch auch in der Physik, Chemie, Biologie, Mathematik, Psychologie oder Soziologie beschrieben. Synonyme sind Übersummativität und Fulguration. Analog zur Emergenz spricht man bei der Eliminierung von Eigenschaften von Submergenz. https://de.wikipedia.org/wiki/Emergenz

TWLAK: Technisch-Wissenschaftlichen-Lehramtskandidaten.
Geständnisse aus dem Hörsaal "Lehramtsstudenten werden für doof gehalten". Die Lustlosigkeit vieler Dozenten, gepaart mit den grenzdebilen und praxisfernen Inhalten der Seminare und Vorlesungen für angehende Lehrer, machten mich fertig.
Lehramtsstudenten besuchen zwar dieselben Seminare, doch Dozenten geben ihnen leichtere Aufgaben - und Kommilitonen blicken auf sie herab. Larissa Sarand, 28, erzählt, wie man sich als angehende Pädagogin an der Uni fühlt.
https://www.spiegel.de/lebenundlernen/uni/lehramtsstudenten-in-pruefungen-wir-werden-fuer-doof-gehalten-a-1092900.html

Thermo, Vorlesungen in Thermodynamik

Die Thermodynamik (von altgriechisch θερμός thermós, deutsch ‚warm', sowie altgriechisch δύναμις dýnamis, deutsch ‚Kraft') oder Wärmelehre ist eine natur- und ingenieurwissenschaftliche Disziplin. Sie hat ihren Ursprung im Studium der Dampfmaschinen und ging der Frage nach, wie man Wärme in mechanische Arbeit umwandeln kann. Dazu beschreibt sie Systeme aus hinreichend vielen Teilchen und deren Zustandsübergänge anhand von makroskopischen Zustandsgrößen, die statistische Funktionen der detaillierten Vielteilchenzustände darstellen. Als Ingenieurwissenschaft hat sie für die verschiedenen Möglichkeiten der

Energie-umwandlung Bedeutung und in der Verfahrenstechnik beschreibt sie Eigenschaften und das Verhalten von Stoffen, die an Prozessen beteiligt sind. Als Begründer gilt Sadi Carnot, der 1824 seine wegweisende Arbeit schrieb.
https://de.wikipedia.org/wiki/Thermodynamik

Hasselwerder

Tegeler See: 52° 35′ 6″ N, 13° 15′ 56″ O
Hasselwerder ist die nördlichste Insel im zum Berliner Bezirk Reinickendorf gehörenden Tegeler See. Sie ist rund 300 Meter lang und 60 Meter breit und weist eine Fläche von 12.321 m² auf. Die Insel gehörte ab 1755 zum Gut Tegel. 1766 kamen Gut und Schloss Tegel samt Insel in den Besitz der Familie von Humboldt, deren Nachfahren noch heute Eigentümer sind.

Abb.: Hasselwerder (hier: das grüne Würmchen in der Bildmitte) aus der Sicht einer Flugdrohne. Mit freundlicher Genehmigung an Mi. Dienst 2019. Man beachte darüber hinaus das wunderbare Wellenbild vorn.

Knoten

Der Knoten (kn) ist ein Geschwindigkeitsmaß in der See- und Luftfahrt bzw. der Meteorologie, das auf der Längeneinheit Seemeile (sm) oder nautische Meile (NM, nmi, n.mi.) beruht. Eine Seemeile entspricht exakt 1852 Metern. Das Einheitenzeichen ist kn (englisch früher kt).
1 Knoten = 1 Seemeile pro Stunde = 0,514 m/s
https://de.wikipedia.org/wiki/Knoten_(Einheit)

Parsek

Das Parsec (Kurzwort aus englisch parallax second),Einheitenzeichen pc, teilweise lehnübersetzt Parallaxensekunde ist ein astronomisches Längenmaß. Es ist die Entfernung, aus welcher der mittlere Erdbahnradius (= 1 AE, Astronomische Einheit), also der mittlere Abstand zwischen Sonne und Erde, unter einem Winkel von einer Bogensekunde erscheint, und entspricht etwa 3,26 Lichtjahren bzw. etwa 206.000 Astronomischen Einheiten oder etwa 30,9·1015 Metern (30,9 Billionen Kilometer).
1 pc = 30,857 10E15 m
https://de.wikipedia.org/wiki/Parsec

SÖVIND, IF-Boot, Folkeboot

Das IF-Boot ist eine Segelyacht aus GfK. Die Konstruktion stammt aus dem Jahr 1966 von Tord Sundén, der bereits 1942 an der Konstruktion des Nordische Folkebootes beteiligt war. Das IF-Boot hieß ursprünglich „Internationales Folkeboot", durfte diesen Namen aber nicht behalten, da es nicht als internationale, sondern nur als schwedische und später auch dänische, nationale Klasse angemeldet war. Das IF-Boot basiert auf dem

Riss des Nordischen Folkebootes. Im Vergleich zu diesem bekam es ein höheres Freibord, Spiegel und Steven wurden leicht verändert. Die Aufbauten wurden bis vor den Mast verlängert, um unter Deck mehr Platz zu erhalten. Weil ein GfK-Rumpf leichter ist als der Holzrumpf des Nordischen Folkeboots, konnten das Kielgewicht und so die Segelfläche vergrößert werden.
Das Nordische Folkeboot ist ein kleines, einfaches aber seetüchtiges Segelboot, speziell konstruiert für die Ostsee. Es bietet Platz für eine Crew von zwei bis vier Personen und eignet sich sowohl zum Fahrtensegeln als auch für sportliche Regatten.
In Schweden wird das Folkeboot auch mit Spinnaker gesegelt, was aber die Lebensdauer und Steifigkeit der Holzmasten negativ beeinflusst. Deshalb wird hier oft ein Gennaker benutzt.
Je nach Ausstattung hat das IF-Boot die CE- Seetauglichkeitsein-stufung B oder C. Diese Sportbootrichtlinie (offizieller Name Richtlinie 2013/53/EU des europäischen Parlaments und des Rates) ist eine EU-Norm, die für die Sicherheit von Wasserfahrzeugen, die in den Mitgliedstaaten in Verkehr gesetzt werden, einheitliche Standards garantieren soll.
https://de.wikipedia.org/wiki/IF-Boot
https://www.if-boot.de/

Attraktor
Attraktor (lat. ad trahere „zu sich hin ziehen") ist ein Begriff aus der Theorie dynamischer Systeme und beschreibt eine Untermenge eines Phasenraums (d. h. eine gewisse Anzahl von Zuständen), auf die sich ein dynamisches System im Laufe der Zeit zubewegt und die unter der Dynamik dieses Systems nicht mehr verlassen wird. Das heißt, eine Menge von Variablen nähert sich im Laufe der Zeit (asymptotisch) einem bestimmten Wert, einer Kurve, oder komplexerem (also einer Region im n-dimensionalen Raum) und bleibt dann im weiteren Zeitverlauf in der Nähe dieses Attraktors. Ein Attraktor erscheint als klar erkennbare Struktur. Umgangssprachlich könnte man von einer Art „stabilen Zustands" eines Systems sprechen (wobei auch periodisch, also wellenartig wiederkehrende Zustände oder andere erkennbare Muster gemeint sein können), also ein Zustand, auf das sich ein System hinbewegt. Das Gegenteil eines Attraktors wird Repellor oder negativer Attraktor genannt. Anwendung finden die Begriffe in der Physik und der Biologie.

Großschot, Schot
Eine Schot (seemännisch, abgeleitet von Schoß mit der Bedeutung „Ecke, Zipfel" eines Segels[1]) ist beim Segeln eine Leine zum Bedienen eines Segels. Schoten sind Bestandteil des Laufenden Guts von Segelschiffen und Segelbooten. Bei Schratsegeln (Segel, die in Schiffslängsrichtung befestigt sind) werden Schoten zur Ausrichtung der Segel und für ihren Trimm benötigt. Sie steuern vor allem den Anstellwinkel der Segel zum Wind.

Franzosentonne
Die Franzosentonne ist eine Bahnmarke auf dem Tegeler See in Berlin. Freundlicherweise legt das Bezirksamt Reinickendorf von Berlin drei Tonnen, die nicht Fahrwasserbegrenzungen darstellen aus. Sie können von den Wassersportlern beispielsweise zum Regattasegeln verwendet werden. Als Gegenleistung werden die Bahnmarken jeden Winter umlaufend von einem der anrainenden Segelvereine gewartet und neu angestrichen. Zu Alliiertenzeiten war Reinickendorf unter französischer Kommandantur. Der am See ansässige französische Segelclub, heute Club Nautique Francaise de Tegel (CNFT) nahm und nimmt sich selbstverständlich heraus, die LUV-Tonne in den Farben der Trikolore zu streichen.

Als Bahnmarke wird im Segelsport ein Punkt auf dem Wasser bezeichnet, der während einer Regatta (Match Race oder Fleet Race) in vorgeschriebener Weise passiert werden muss. Bahnmarken werden durch bewegliche, oft auch verankerte Tonnen oder Bojen gekennzeichnet. Wenn ein Regattakurs an der Windrichtung ausgerichtet wird, werden die Bahnmarken auch kurz vor dem Start noch verschoben. Je nach Lage der Bahnmarke zur Windrichtung wird zwischen Luv- und Leebahnmarke unterschieden. https://de.wikipedia.org/wiki/Bahnmarke

Ramsay Theorie
Die Ramseytheorie (nach Frank Plumpton Ramsey) ist ein Zweig der Kombinatorik innerhalb der Diskreten Mathematik. Sie behandelt die Frage, wie viele Elemente aus einer mit einer gewissen Struktur versehenen Menge ausgewählt werden müssen, damit diese Struktur in der Teilmenge wiedergefunden werden kann und eine bestimmte Eigenschaft erfüllt ist. Berühmte Sätze der Ramseytheorie haben dabei alle diese Eigenschaft gemeinsam.
https://de.wikipedia.org/wiki/Ramseytheorie

Data-Pond, Data Lake
A data lake is a system or repository of data stored in its natural/raw format, usually object blobs or files. A data lake is usually a single store of all enterprise data including raw copies of source system data and transformed data used for tasks such as reporting, visualization, advanced analytics and machine learning. A data lake can include structured data from relational databases (rows and columns), semi-structured data (CSV, logs, XML, JSON), unstructured data (emails, documents, PDFs) and binary data (images, audio, video). https://en.wikipedia.org/wiki/Data_lake

Crop, **Crop science** (dt.: Pflanzenwissenschaft)
Die Bayer CropScience AG (BCS) war ein selbständiger Teilkonzern der Bayer AG mit Sitz in Monheim am Rhein. Im Zuge der Neustrukturierung der Bayer AG war der Teilkonzern im Oktober 2002 aus der ehemaligen Pflanzenschutzsparte der Bayer AG und dem vom Aventis-Konzern im Jahr 2001 übernommenen Bereich Aventis CropScience gebildet worden. Wichtige deutsche Produktionsstandorte waren in Dormagen, im Industriepark Höchst (Frankfurt am Main) und im Chemiepark Knapsack (Hürth).
https://de.wikipedia.org/wiki/Bayer_CropScience

FDA
Die U. S. Food and Drug Administration (FDA, deutsch Behörde für Lebens- und Arzneimittel) ist die Lebensmittelüberwachungs- und Arzneimittelbehörde der Vereinigten Staaten. Als solche ist sie dem amerikanischen Gesundheitsministerium unterstellt. Die FDA wurde 1927 gegründet und ihr Sitz ist in Silver Spring (Maryland, USA). Derzeitiger Leiter der Behörde (FDA Commissioner) ist Scott Gottlieb. Es gibt vier Direktoren für die Hauptaufgaben der Behörde.
https://de.wikipedia.org/wiki/Food_and_Drug_Administration

Bio-Engineering
Bioengineering, auch Bioverfahrenstechnik, ist die Anwendung von Prinzipien der Ingenieur- und Naturwissenschaften auf Gewebe, Zellen

und Moleküle. Bioengineering unterscheidet sich von der Biotechnologie, welche sich mit der Umsetzung biologischer Kenntnisse für industrielle Verfahren beschäftigt.
https://de.wikipedia.org/wiki/Bioengineering

Digg & Claim

Ein Claim beschreibt im amerikanischen und australischen Bergrecht das Recht, Bodenschätze auf öffentlichem Grund zu gewinnen. https://de.wikipedia.org/wiki/Claim_(Bergrecht)
Einen Claim abzustecken setzt voraus, dass ein Mineral in bauwürdigen Mengen gefunden wurde, das heißt, dass ein vernünftiger Mensch (Prudent Man Rule) Zeit und Geld investieren würde, um es abzubauen. Dann wurde der Claim mit mindestens 4 ft (1,22 m) hohen Holzpfählen oder Stahlstangen oder mit mindestens 3 ft (0,91 m) hohen Steinmännchen abgesteckt.
Ein Claim beginnt im Bergbau immer als ein nicht-patentierter Claim. Der Inhaber eines nicht-patentierten Claims muss darauf Abbauarbeiten durchführen bzw. dem Amt bis zum 1. September jeden Jahres eine Gebühr abführen, andernfalls erlischt der Claim. Die Tätigkeiten auf nicht-patentierten Claims sind auf den Bergbau beschränkt.
Der englische Begriff Claim wird im Marketing, vor allem in der Werbung, häufig in derselben Bedeutung wie Slogan verwendet. „Claim" wird in Deutschland als Bezeichnung eines Werbeslogans benutzt; in England kennt man diesen als „Endline" oder „Strapline". Er bezeichnet einen fest mit dem Unternehmens- oder Markennamen verbundenen Satz oder Teilsatz, der Bestandteil des Unternehmenslogos oder Markenzeichens sein kann. Mitunter gibt es auch „Kampagnen-Claims", die nur für die Dauer einer Werbekampagne verwendet werden.

Ein Claim kann mehrere Funktionen haben: Er kann die Positionierung eines Leistungsangebotes oder einer Marke, ein zentrales „Versprechen"[2] oder einen Produktnutzen, eine Mission, eine Vision oder das Alleinstellungsmerkmal des Unternehmens oder der Marke kommunizieren.

https://de.wikipedia.org/wiki/Claim_(Werbung)

Panton Principles

The Panton Principles are a set of principles which were written to promote open science. They were first drafted in July 2009 at the Panton Arms pub in Cambridge.
https://en.wikipedia.org/wiki/Panton_Principles
1. Where data or collections of data are published it is critical that they be published with a clear and explicit statement of the wishes and expectations of the publishers with respect to re-use and re-purposing of individual data elements, the whole data collection, and subsets of the collection. This statement should be precise, irrevocable, and based on an appropriate and recognized legal statement in the form of a waiver or license.
When publishing data make an explicit and robust statement of your wishes.

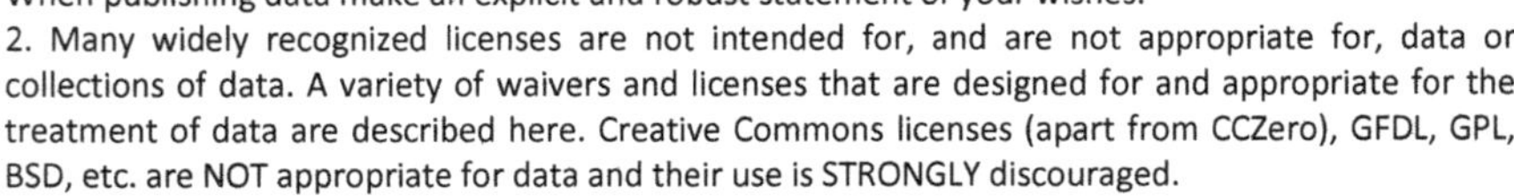

2. Many widely recognized licenses are not intended for, and are not appropriate for, data or collections of data. A variety of waivers and licenses that are designed for and appropriate for the treatment of data are described here. Creative Commons licenses (apart from CCZero), GFDL, GPL, BSD, etc. are NOT appropriate for data and their use is STRONGLY discouraged.
Use a recognized waiver or license that is appropriate for data.
3. The use of licenses which limit commercial re-use or limit the production of derivative works by excluding use for particular purposes or by specific persons or organizations is STRONGLY

discouraged. These licenses make it impossible to effectively integrate and re-purpose datasets and prevent commercial activities that could be used to support data preservation.
If you want your data to be effectively used and added to by others it should be open as defined by the Open Knowledge/Data Definition – in particular non-commercial and other restrictive clauses should not be used.
4. Furthermore, in science it is STRONGLY recommended that data, especially where publicly funded, be explicitly placed in the public domain via the use of the Public Domain Dedication and Licence or Creative Commons Zero Waiver. This is in keeping with the public funding of much scientific research and the general ethos of sharing and re-use within the scientific community.
Explicit dedication of data underlying published science into the public domain via PDDL or CCZero is strongly recommended and ensures compliance with both the Science Commons Protocol for Implementing Open Access Data and the Open Knowledge/Data Definition.[2]

Figshare
Figshare ist ein kommerzieller internetbasierter Datenspeicherdienst, in dem Wissenschaftler vollständige Forschungsergebnisse, aber auch einzelne Datensätze, Grafiken, Abbildungen, Präsentationen, Poster und Videos veröffentlichen können.
Im Gegensatz zu klassischen wissenschaftlichen Publikationen können damit nicht nur gefilterte und bearbeitete Daten, sondern auch die zugrundeliegenden Originaldaten für andere Forscher öffentlich gemacht werden. Insbesondere ist die Publikation negativer Ergebnisse möglich, was eine Maßnahme gegen den Publikationsbias und ein Element von Open Science darstellt.
Die Veröffentlichungen erhalten einen DOI, so dass sie zitierbar sind. Es gibt eine Integration von ORCID. Alle Inhalte können unter eine Creative-Commons-Lizenz gestellt werden.
Hinter Figshare stand ursprünglich das Verlagshaus Macmillan Publishers, heute gehört der Dienst zur Nature Publishing Group, die zur Verlagsgruppe Springer Nature gehört.
Alternativen zu Figshare sind Zenodo, ein vom CERN betriebener Online-Speicherdienst, das Datenrepositorium GitHub, das nicht nur von Softwareentwicklern, sondern auch allgemein zum Speichern und Weitergeben von Daten, also auch für Forschungsdaten und Veröffentlichungen, genutzt werden kann, aber auch fachlich spezialisierte Dienste wie Bioshare.org oder wissenschaftliche Soziale Netzwerke wie Academia.edu, ResearchGate sowie alle weiteren Open-Access-Repositorien.
https://de.wikipedia.org/wiki/Figshare https://figshare.com/

Open Science
Figshare: Gebt uns allen Euren wissenschaftlichen Output!
Anerkennung für sämtliche Arten wissenschaftlichen Outputs, nicht bloß für Publikationen, ist das Nutzenversprechen, das Figshare Wissenschaftlerinnen und Wissenschaftlern macht. Figshare gehört damit zu den Science 2.0-Plattformen, die wissenschaftliche Bibliotheken kennen und im Auge behalten sollten.
Offene Wissenschaft (auch Öffentliche Wissenschaft, engl. Open Science) ist ein Oberbegriff für verschiedene Strömungen, die zum Ziel haben, Wissenschaft einer größeren Zahl von Menschen einfacher zugänglich zu machen.
Dazu zählen einerseits produktorientierte Ansätze, die (Zwischen-)Ergebnisse möglichst offen zugänglich machen, etwa Open Access, Open Data oder Reproducible Research.

Andererseits kann darunter auch die Öffnung von Prozessen der Wissenschaft verstanden werden, die etwa Bürgerbeteiligung einschließt.[2] Anderen Wissenschaftlern, Studierenden und der interessierten Öffentlichkeit werden Einblicke in die Entstehung wissenschaftlicher Ergebnisse gewährt oder Möglichkeiten eröffnet,

selbst daran teilzuhaben. Offene Wissenschaft in diesem weiten Sinne wird insbesondere im Kontext von Citizen Science-Projekten praktiziert.
https://de.wikipedia.org/wiki/Offene_Wissenschaft

KKD-Ding
Knowledge Discovery in Databases (KDD) ist eine Ergänzung des Data-Mining um Pre- und Post-Prozesse, also vorbereitende Untersuchungen und Verarbeitung auszuwertender Daten sowie Bewertung der Resultate. Ziel des KDD ist die Herstellung unbekannter Zusammenhänge aus vorhandenen, meist großen Datenbeständen.

S-E-P
Knowledge Discovery in Databases (KDD) ist eine Ergänzung des Data-Mining um Pre- und Post-Prozesse, also vorbereitende Untersuchungen und Verarbeitung auszuwertender Daten sowie Bewertung der Resultate. Ziel des KDD ist die Herstellung unbekannter Zusammenhänge aus vorhandenen, meist großen Datenbeständen.
Patente, die solche Kommunikationsstandards bezüglich Vernetzung in Fertigung, Einkauf und Logistik beschreiben, heißen SEP, standardessentielle Patente.
An essential patent or standard-essential patent (SEP) is a patent that claims an invention that must be used to comply with a technical standard. Standards organizations, therefore, often require members disclose and grant licenses to their patents and pending patent applications that cover a standard that the organization is developing.

Die Gefahr zu leben!
there is a risk of death" und auch französisch: „... danger de mort", auf Deutsch: Lebensgefahr!

Abel Tasman
Abel Janszoon Tasman (*1603 in Lutjegast, Provinz Groningen; † 10. Oktober 1659 in Batavia, Java) war ein niederländischer Seefahrer. Auf seinen Entdeckungsreisen umsegelte er den australischen Kontinent und erreichte am 13. Dezember 1642 als erster Europäer Neuseeland.
Nach ihm sind unter anderem die australische Insel Tasmanien (zuvor Van Diemen's Land), die australische Tasman-Halbinsel, die Tasmansee zwischen Australien und Neuseeland, der Tasman Lake sowie der Abel Tasman National Park, der Tasman-Gletscher und die Tasman Bay in Neuseeland sowie der Asteroid (6594) Tasman benannt.

Arbeitnehmererfindung
Das Gesetz über Arbeitnehmererfindungen ist ein bundesdeutsches Gesetz zum Arbeitnehmer-erfinderrecht, das die Thematik von Erfindungen und technischen Verbesserungsvorschlägen angestellter Erfinder regelt.
https://de.wikipedia.org/wiki/Arbeitnehmererfindung

Krabbenscherensegel
Das Krebsscherensegel (auch Deltasegel) stammt aus Polynesien. Es hat eine Dreiecksform und wird auf Proas oder Auslegerkanus verwendet. Der Auftrieb wird nicht wie bei den herkömmlichen Segeltypen durch ein Tragflächenprofil erzeugt, das möglichst laminar umströmt werden soll. Das Krebsscherensegel wird an der Spitze des Dreiecks angeströmt, an den Schenkeln bildet sich jeweils ein Randwirbel, in dem die Strömung so schnell ist, dass auf dieser Seite ein Unterdruck entsteht (Deltaflügel). Auf diese Weise wird mit der gleichen Segelfläche 1,7 mal mehr Auftrieb

erreicht.
Die krebsscherenartige Segelform hat den gleichen Wirkungsgrad wie eine über die Außenränder gemessene rechteckige Fläche, was in Windkanalversuchen erkannt wurde. Vermutlich wird mit der eingebuchteten Form des Segels unter seitlichem Wind ein zu starker Druckanstieg vermieden („Strömungsablösung") und damit die Nutzwirkung verstärkt. Das einseitig am Segel befestigte „Ziergehänge" dient zur Turbulenzkontrolle. https://de.wikipedia.org/wiki/Krebsscherensegel

Resilienz
Resilienz bezeichnet in den Ingenieurwissenschaften die Fähigkeit von technischen Systemen, bei Störungen bzw. Teil-Ausfällen nicht vollständig zu versagen, sondern wesentliche Systemdienstleistungen aufrechtzuerhalten.
https://de.wikipedia.org/wiki/Resilienz_(Ingenieurwissenschaften)

Resilienz (von lateinisch resilire ‚zurückspringen' ‚abprallen') oder psychische Widerstandsfähigkeit ist die Fähigkeit, Krisen zu bewältigen und sie durch Rückgriff auf persönliche und sozial vermittelte Ressourcen als Anlass für Entwicklungen zu nutzen. Mit Resilienz verwandt sind Entstehung von Gesundheit (Salutogenese), Widerstandsfähigkeit (Hardiness), Bewältigungsstrategie (Coping) und Selbsterhaltung (Autopoiesis). https://de.wikipedia.org/wiki/Resilienz_(Psychologie)

Autopoiesis oder Autopoiese (altgriechisch αὐτός autos, deutsch ‚selbst' und ποιεῖν poiein „schaffen, bauen") ist der Prozess der Selbsterschaffung und -erhaltung eines Systems.
In der Biologie stellt das Konzept der Autopoiesis einen Versuch dar, das charakteristische Organisationsmerkmal von Lebewesen oder lebenden Systemen mit den Mitteln der Systemtheorie zu definieren. Der vom chilenischen Neurobiologen Humberto Maturana geprägte Begriff wurde in der Folge seiner Veröffentlichungen aufgebrochen und für verschiedene andere Gebiete wissenschaftlichen Schaffens abgewandelt und fruchtbar gemacht.
Das Konzept der Autopoiesis ist eine Teilmenge des allgemeiner gültigen ontologischen Konzepts der emergenten Selbstorganisation. https://de.wikipedia.org/wiki/Autopoiesis

Ethnologisches Museum Berlin
Besucherinformation: Wegen Umzugsvorbereitungen für das Humboldt Forum sind das Museum für Asiatische Kunst und das Ethnologische Museum seit dem 9. Januar 2017 am Standort Berlin-Dahlem geschlossen. Bis zur Eröffnung des Humboldt Forums werden die außereuropäischen Sammlungen mit Sonderausstellungen an anderen Standorten präsent bleiben.
https://www.smb.museum/museen-und-einrichtungen/ethnologisches-museum/home.html

Umberto Eco
Semiotiker. Umberto Eco (* 5. Januar 1932 in Alessandria, Piemont; † 19. Februar 2016[1] in Mailand, Lombardei) war ein italienischer Schriftsteller, Kolumnist, Philosoph, Medienwissenschaftler und wohl der

bekannteste zeitgenössische Semiotiker.
https://de.wikipedia.org/wiki/Umberto_Eco

Semiotik

Semiotik (altgriechisch σημεῖον sēmeĩon ‚Zeichen', ‚Signal'), manchmal auch Zeichentheorie, ist die Wissenschaft, die sich mit Zeichensystemen aller Art befasst (z. B. Bilderschrift, Gestik, Formeln, Sprache, Verkehrszeichen). Sie findet unter anderem in verschiedenen Geistes-, Kultur-, Wirtschafts- und Sozialwissenschaften Anwendung. https://de.wikipedia.org/wiki/Semiotik

Biosemiotik ist eine interdisziplinäre Wissenschaft, die biologische Prozesse mit Hilfe der Semiotik untersucht und Leben als biologische Zeichen- und Kommunikationsprozesse versteht.

Die Deutsche Gesellschaft für Semiotik (DGS) widmet sich der Erforschung semiotischer Phänomene, der semiotischen Lehre, Forschung und Praxis sowie der Nachwuchsförderung im Bereich der Semiotik. Die Semiotik (auch: Semiologie) ist die Wissenschaft von den Zeichenprozessen in Kultur und Natur. Zeichen, wie zum Beispiel Bilder, Wörter, Gesten und Gerüche, vermitteln Informationen aller Art in Zeit und Raum. In Zeichenprozessen (Semiosen) werden Zeichen konstituiert, produziert, in Umlauf gebracht und rezipiert. http://www.semiotik.eu/Semiotik

Weizenbaum-Institut

Joseph Weizenbaum (* 8. Januar 1923 in Berlin; † 5. März 2008 in Gröben) war ein deutsch-US-amerikanischer Informatiker sowie Wissenschafts- und Gesellschaftskritiker. Weizenbaum bezeichnete sich selbst als Dissidenten und Ketzer der Informatik.

Das Weizenbaum-Institut für die vernetzte Gesellschaft – Das Deutsche Internet-Institut ist ein vom Bundesministerium für Bildung und Forschung (BMBF) gefördertes Verbundprojekt aus Berlin und Brandenburg. Koordinator des Verbundes ist das Wissenschaftszentrum Berlin für Sozialforschung (WZB).

Aufgaben: Das Weizenbaum-Institut erforscht interdisziplinär und grundlagenorientiert den Wandel der Gesellschaft durch die Digitalisierung und entwickelt Gestaltungsoptionen für Politik, Wirtschaft und Zivilgesellschaft. Ziel ist es, die Dynamiken, Mechanismen und Implikationen der Digitalisierung besser zu verstehen. Hierzu werden am Weizenbaum-Institut die ethischen, rechtlichen, ökonomischen und politischen Aspekte des digitalen Wandels untersucht. Damit wird eine empirische Grundlage geschaffen, die Digitalisierung verantwortungsvoll zu gestalten. Um Handlungsoptionen für Politik, Wirtschaft und Gesellschaft zu entwickeln, verknüpft das Weizenbaum-Institut die interdisziplinäre problemorientierte Grundlagenforschung mit der Exploration konkreter Lösungen und dem Dialog der Gesellschaft.
https://www.weizenbaum-institut.de/

Einbaum

Der Einbaum (griech. Monoxylon) ist ein verbreiteter Bootstyp bei indigenen Völkern, aber auch in moderneren Gesellschaften noch in Gebrauch. Der Rumpf ist aus einem einzigen Baumstamm gefertigt. Mitunter sind die Bordwände durch eingesetzte Spanten verstärkt und durch das Aufsetzen eines Plankenganges erhöht, dann oft Piroge genannt. Charakteristisch sind auch Querbänke, die nicht eingesetzt, sondern aus dem Stamm gearbeitet sind.

Einbaum ist vermutlich Lehnübersetzung des lateinischen monoxilus, weiter aus griechisch μονόξυλον – monoxylon, mit den Bestandteilen monos „einzig“ und Xylon „Holz, Baum“. https://de.wikipedia.org/wiki/Einbaum

Doppelrumpfboot Proa

Die Proa oder Prau, malaiisch perahu, niederl. prauw, engl. prow ist ein Segelschiffstyp aus Indonesien und dem südpazifischen Raum. In der malaiischen Sprache steht perahu für „Boot“, „Segelboot“ und im engeren Sinn für ein Auslegerboot mit Segel.

Gebaut werden die ungewöhnlich schmalen Schiffsrümpfe meist aus hartem Teakholz. Unter dem Einfluss fremder Kulturkreise entstand eine Vielzahl von Prau-Typen. Dazu zählen die Prau Mayang, die Prau Bedang aus Madura und die Paduakan aus Java. Letztere ist bis zu 30 m lang und 6 m breit. Gemeinsames Merkmal aller Prau-Typen sind asymmetrisch gesetzte Segel.

Ein Auslegerkanu (Auslegerboot) ist ein Kanu, welches konstruktionsbedingt nur mit einem am Kanu mit meistens zwei (oft hölzernen) Querstreben (lato oder lako) verbundenen Ausleger bzw. Schwimmer sicher auf dem Wasser zu bewegen ist.

https://de.wikipedia.org/wiki/Auslegerkanu

Die Geschichte des Auslegerkanus begann vor etwa fünftausend Jahren im Südchinesischen Meer. Von dort startete die Besiedlung von über zehntausend Inseln im südlichen Pazifischen Ozean. Durch die Erfindung des Auslegers (polynesisch Ama) konnte der Rumpf (Wa'a) so schmal konstruiert werden, dass leicht erhebliche Geschwindigkeiten bei hoher Stabilität erreicht werden konnten.

Auslegerkanu vor Chumbe, Tansania (2018)

Etwa vor zweitausend Jahren waren es die Polynesier, die mit verbesserten Booten größere Distanzen über das offene Meer überwanden und damit die entferntesten Winkel eroberten, bis sie zuletzt vor etwa tausend Jahren Neuseeland entdeckten. Auch der 9000 Jahre alte und in der Zeit der britischen Kolonisation ausgestorbene Aborigine-Stamm der Ngaro in Queensland, Australien, befuhr das Seegebiet der Whitsunday Islands mit Auslegerkanus. Das Auslegerkanu war die Grundlage zur Besiedlung der gesamten Südsee. Die polynesischen Konstrukteure entwickelten nicht nur den einfachen, aber hochseegeeigneten Bootstyp, sondern auch eine hervorragende Fähigkeit, mit Hilfe der Sterne zu navigieren und Inseln in ihrer Nähe förmlich zu riechen oder durch Veränderungen der Wellenformationen zu orten. Heute beherrschen immer weniger Menschen noch diese uralten Navigationskünste.

Wave-Piercer

Im Yachtdesign ist der Wavepiercing Hull (sinngemäß "wellenschneidender Rumpf") eine Rumpfform, die durch den Laien meist mit einem negativen Steven definiert wird.

A wave-piercing boat hull has a very fine bow, with reduced buoyancy in the forward portions. When a wave is encountered, the lack of buoyancy means the hull pierces through the water rather than riding over the top, resulting in a smoother ride than traditional designs, and in diminished mechanical stress on the vessel and crew. It also reduces a boat's wave-making resistance. https://en.wikipedia.org/wiki/Wave-piercing_hull

Deutsch: Wellenstecher. Boot mit negativem Steven. Der Steven ist nicht nach vorne geneigt, sondern nach achtern. Das Vorschiff kann bei einem Katamaran oder Trimaran sogar unten breiter als oben sein, sodass es sich eingetaucht leichter nach oben als nach unten bewegen kann. VOR-65 und MOD-70 sind Wavepiercer. Durch Wavepiercing sollen Yachten durch die Wellen stechen, anstatt über sie hinweg zu gehen. Das verringert das

Stampfen und bremst die Schiffe weniger ab. Wavepiercing verlangt einen langen Rumpf mit einem schlanken Vorschiff, sehr geringes Gewicht und einen weit achtern liegenden Schwerpunkt. Sehr unpraktisch bei dieser Bugform ist das Ausbringen und Einholen eines Ankers; ohne Bugspriet schlägt er an die Bordwand. Auch beim Anlegen kann es zu einem Schaden kommen, weil der Steven nicht auf sondern unter den Steg gleitet, wenn das Boot zu spät aufstoppt. Vorteilhaft sind dagegen das beim Deck eingesparte Gewicht sowie ein reduzierter Luftwiderstand. Bei Katamaranen und Trimaranen soll Wavepiercing das Nose-Diving verhindern. https://www.segeln-lernen.de/segellexikon-wavepiercer.html

Foils

Was Sie zum Segeln auf Flügeln wissen müssen: Foils lassen mittlerweile auch Serienboote abheben und haben das Segeln grundlegend verändert. Wie es dazu kam und welche Modelle für jedermann zu haben sind.

Man hört sie kaum, und man sieht sie nur kurz. Mit einem leisen Zischen flitzen sie vorbei und hinterlassen mit ihren filigranen Stelzen lediglich eine unscheinbare Spur auf der Wasseroberfläche. Wer die filigrane Kohlefaser-Jolle Moth beherrscht, kann satte 30 Knoten Top-Speed erreichen – und das mit einem gerade mal 3,30 Meter langen und lediglich 35 Kilogramm leichten Winzling. In keiner anderen Klasse hat das Thema Foiling so eindrucksvoll und nachhaltig eingeschlagen wie bei der International Moth. Innerhalb von wenigen Jahren hat die Einhand-Konstruk-tionsklasse die Metamorphose vom Gleiter zum Foiler fast vollständig vollzogen. Gegen 5000 Ein-heiten sind heute weltweit registriert, viele davon sind Foiler, unter anderem alle neuen Boote.

https://www.yacht.de/ratgeber/wissen/

Ein Tragflügelboot oder Tragflächenboot ist ein Hochgeschwindigkeitswasserfahrzeug, das bei steigender Geschwindigkeit mittels des dynamischen Auftriebs unter Wasser liegender Tragflügel (Hydrofoils) während der Fahrt angehoben wird. Dadurch berührt der Rumpf nicht mehr das Wasser. Das Fahrzeug „schwebt" über die Wasseroberfläche. Da sich dann nur ein kleiner Teil des Fahrzeugs (Tragflügel und Propeller sowie das Ruderblatt) unterhalb der Wasseroberfläche befindet, werden die Verdrängung und der Reibungswiderstand deutlich reduziert. Dadurch wird bei gleicher Antriebsleistung eine größere Geschwindigkeit erreicht.

https://de.wikipedia.org/wiki/Tragflügelboot

Man unterscheidet drei Bauweisen von Tragflächenbooten, mit unterschiedlichen Verfahren der Auftriebsregelung:

Eine Reihe von waagerechten Tragflächen sind zwischen senkrechten, am Rumpf befestigten Holmen eingezogen. Bei zunehmender Geschwindigkeit hebt sich eine Fläche nach der anderen aus dem Wasser, der Auftrieb wird sozusagen in Stufen geregelt.

Teileingetauchter Typ (auch U-Typ, V-Typ)

Einfach oder mehrfach geknickte Tragflächen (also in V- oder U-Form) sind mit senkrechten oder radialen Streben am Rumpf befestigt. Der Auftrieb ändert sich stufenlos mit dem Ein- oder Austauchen der Flächen.

Voll eingetauchter Typ (auch T-Typ)

Waagerechte Flächen sind mit verstellbarem Anstellwinkel an ein oder mehreren senkrechten Holmen montiert. Die Winkel werden permanent aktiv nachgeregelt, sodass die Flächen immer voll eingetaucht bleiben und eine konstante Tiefe halten.

Der Leitertyp hat sich nie durchgesetzt. Die teileingetauchte Bauweise, nach der auch hunderte sowjetische Fähr- und Militärfahrzeuge gebaut wurden, wird heute zunehmend von der aufwendigeren, aber effizienteren voll eingetauchten Bauweise abgelöst.

Foilboard

Ein Foilboard (auch Hydrofoil) ist ein Board mit einer schwertartigen Verlängerung samt Tragflächen unter dem eigentlichen Brett. Bei ausreichender Geschwindigkeit schwimmt das Board durch den dynamischen Auftrieb, den die Tragflächen schaffen, auf und man surft ausschließlich auf diesem Schwert. Für Zuschauer vermittelt ein Foilboard den Eindruck, als würde der Surfer über dem Wasser schweben. Foilboards sind wegen ihres in diesem Fahrmodus geringen Wasserwiderstandes besonders für Leichtwind oder auch für Rennen geeignet.
https://de.wikipedia.org/wiki/Kitesurfen#Foilboard

A foilboard or hydrofoil board is a surfboard with a hydrofoil that extends below the board into the water. This design causes the board to leave the surface of the water at various speeds.
Laird Hamilton, a prominent figure in the invention of big wave tow-in surfing, later discovered the foilboard's capability to harness swell energy with the use of a jet ski, pulling the rider into a wave.[2] Mango Carafino, a big wave tow surfing athlete and water sport instructor from the Hawaiian Island of Maui, is the original innovating developer of the hydrofoil board design for stand-up hydro foil boarding (kitesurfing) and behind boat applications. The stand-up design allows the rider to glide with the moving wave by harnessing the kinetic energy with the underwater swell. Hydrofoil kiteboards allow the rider to achieve the same result with the use of a kite.[3] The hydrofoil minimizes the effects of choppy or rough conditions. Due to the hydrofoil's underwater characteristics, the rider can angle higher into the wind than on traditional kiteboards which ride on the surface of the water.

DPMA

Das Deutsche Patent- und Markenamt
Seitenansicht des Gebäudes. Der Hauptsitz des DPMA in der Zweibrückenstraße in München.

Erfindergeist und Kreativität brauchen wirksamen Schutz. Das Deutsche Patent- und Markenamt (DPMA) ist das Kompetenzzentrum für alle gewerblichen Schutzrechte des geistigen Eigentums – für Patente, Gebrauchsmuster, Marken und Designs. Als größtes nationales Patentamt in Europa und fünftgrößtes nationales Patentamt der Welt steht es für die Zukunft des Erfinderlandes Deutschland in einer globalisierten Wirtschaft. Seine Mitarbeiterinnen und Mitarbeiter sind Dienstleister für Erfinder und Unternehmen und entwickeln die nationalen, europäischen und internationalen Schutzsysteme weiter. https://www.dpma.de/

Kalif *Umar ibn al-Chattab*

ʿUmar ibn al-Chattāb (arabisch عمر بن الخطاب, DMG ʿUmar b. al-Ḫaṭṭāb; * 592 in Mekka; † 3. November 644 in Medina), oft kurz Omar und mit dem Beinamen al-Fārūq („der die Wahrheit von der Lüge unterscheidet"), war der zweite islamische Kalif (634–644). Die Sunniten betrachten ihn als einen der vier „rechtgeleiteten“ Kalifen. Die imamitischen Schiiten erkennen ihn dagegen nicht als Kalifen an.

Poiesis

In der Philosophie bezeichnet der Begriff Poiesis (von altgriechisch ποιέω ‚machen‘) ein (im Kontrast zum praktischen und theoretischen Handeln stehendes) zweckgebundenes Handeln (Aristoteles: Poietik).

Während in der Praxis das Handeln Selbstzweck ist (Freizeit, Kunst, Meditation), ist poietische Arbeit darauf ausgerichtet, etwas zu produzieren oder auf dem Umweg der Arbeit einen anderen Zweck (z. B. Bezahlung oder Vorteil) zu erreichen. Poietische Handlungen sind eher in sich abgeschlossen und erreichbar (definierter Endzustand > materielles Produkt > Gebrauchsobjekt). Aristoteles hebt insbesondere das Kriterium der Lehrbarkeit und präzisen Beschreibbarkeit der Handlungsschritte des poietischen Handelns hervor, die durchgeführt werden müssen, um ein Werk oder Werkstück herzustellen. Mit der Vollendung eines solchen Werkstücks ist die poietische Handlung abgeschlossen.

Kritisch werden Entfremdungseffekte poietischer Haltungen gesehen, und zwar hinsichtlich

der Arbeit (Arbeitnehmer ist ersetzbar, Produkt ist Ware, vgl. Karl Marx),
der Gesellschaft (vgl. Hannah Arendt, Cornelius Castoriadis) und
der Natur (Technikgläubigkeit und -abhängigkeit, Umweltzerstörung und Ressourcenraubbau, vgl. Heideggers Technikkritik).

Grundsätzlich ist diese Unterscheidung begrifflich zu verstehen, da sich für die meisten Handlungen ein Zweck finden lässt und jede Handlung je nach Perspektive sowohl poietische als auch praktische Aspekte hat. https://de.wikipedia.org/wiki/Poiesis

Foucault

[1] Foucault, Michel (1974): Die Ordnung der Dinge. Eine Archäologie der Humanwissenschaften. Frankfurt am Main: Suhrkamp. https://de.wikipedia.org/wiki/Die_Ordnung_der_Dinge

Allmende, die Genossenschaft.

Die Allmende (in der Schweiz Allmend, Allmeind oder Allmein), auch die Gemeindeflur oder das Gemeindegut, ist eine Form gemeinschaftlichen Eigentums.

Als landwirtschaftlicher Begriff bezeichnet Allmende oder „Gemeine Mark“ Gemeinschafts- oder Genossenschaftsbesitz abseits der parzellierten (in Fluren aufgeteilten) landwirtschaftlichen Nutzfläche.[1] Allmenden sind heute noch im Alpenraum, auf der schwedischen Insel Gotland, vereinzelt im Nord- und im Südschwarzwald (Hotzenwald) und in Südbayern, auf der Hallig Gröde, vor allem aber in ländlichen Gebieten der Entwicklungsländer verbreitet.

Im über die Landwirtschaft hinausgehenden Sinne wird der Begriff in den Wirtschafts- und Sozialwissenschaften und den Informationswissenschaften verwendet (unter anderem Allmendegut, Wissensallmende, Tragik der Allmende und Tragik der Anti-Allmende). Dabei wird oft die englischsprachige Entsprechung commons verwendet.

Die Allmende ist keine Rechtsform im Sinne des geltenden deutschen Zivilrechts oder sonstigen geltenden kodifizierten deutschen Rechts. Lediglich Gemeindebesitz oder Genossenschaftsbesitz schafft ähnliche Rechtspositionen. https://de.wikipedia.org/wiki/Allmende
https://anthrowiki.at/Allmende

Allgemeingut

Ein Gemeingut oder Kollektivgut ist ein Gut, das für alle potenziellen Nachfrager frei zugänglich ist. Gemeingüter können vom Staat oder von privaten Anbietern (z. B. Teile des Internets oder die Wikipedia) bereitgestellt werden. Öffentliche Güter und Allmendegüter sind Gemeingüter mit der Eigenschaft der Nicht-Ausschließbarkeit.

„Eine Ressource ist ‚frei', wenn (1) man sie ohne Erlaubnis nutzen kann; oder (2) die Erlaubnis, sie zu nutzen, neutral vergeben wird."

Allmenden/Genossenschaften

Unter Allmenden/Commons versteht man gemeinschaftlich genutzte Landstücke die sich im Eigentum einer Gemeinde befindet. Hierzu zählen z.B. Wälder. Ein traditionelles Merkmal von Allmenden ist die freie wirtschaftliche Nutzung für alle Dorfbewohner oder doch zumindest für einen Teil von Ihnen. Eine Genossenschaft ist quasi eine Weiterentwicklung der Allmende, eine Genossenschaft beinhaltet neben der gemeinschaftlichen Nutzung des Bodens zusätzlich die gemeinschaftliche Vermarktung von Produkten. Derartige Kooperationsformen sind vom Staat in einem sinnvollen Umfang zu fördern wobei zu beachten ist das eine moderne Genossenschaft nicht unbedingt in einem Zusammenhang mit Grund und Boden stehen muß . Eine logische Folge hieraus ist es bei neuen Gesetzen stets darauf zu achten das diesem Ansinnen nicht entgegengewirkt wird. Der eine oder andere Leser wird nun einwenden das Allmenden nicht funktionieren und das es bereits Studien gibt die diesen Ansatz wiederlegen welche man hier und da und dort nachlesen kann. Deshalb unsere Bitte, vergessen sie einmal das hier und das da und das dort und das professionelle gejammere von bezahlten Systemschreibern und machen sie sich selbst Gedanken. Unserer Meinung nach funktioniert dieser Ansatz, leider funktioniert er jedoch nicht in allen Bereichen. Mit ein wenig gesellschaftlicher und staatlicher Unterstützung sollte sich jedoch der Anteil dieser Unternehmensform spürbar ausweiten lassen. Quellen:
Die Verfassung der Allmende, Elinor Ostrom, Mohr Siebeck Verlag
http://eineneuedemokratie.de/?p=1043

Wissensallmende

Als Wissensallmende bezeichnet man gemeinsames geistiges Gut (Gemeingut) der modernen Informationsgesellschaft.
Landschaftskunst in Österreich (2013)
Der Begriff Wissensallmende beschreibt gemeinsam genutzte, immaterielle Ressourcen wie Freie Software, das Computer-Betriebssystem Linux oder freies Wissen wie die Wikipedia (Kollektive Intelligenz). Abgeleitet ist der Begriff von der mittelalterlichen Wirtschaftsform Allmende, bei der Land einer Gemeinschaft gehörte und von ihren Mitgliedern gemeinsam genutzt wurde.

Da es bei Wissensallmenden um eine geistige Ressource, nämlich um Informationen geht, spielt die Allmendeproblematik keine Rolle: Im Unterschied zu Acker- oder Weideland verlieren Informationen durch intensivere Nutzung nicht an Wert.

Auch Richard Stallman beruft sich auf diese jahrhundertealte Tradition der Wissenschaft:

„Der fundamentale Akt von Freundschaft unter denkenden Wesen besteht darin, einander etwas beizubringen und Wissen gemeinsam zu nutzen. Dieser gute Wille, die Bereitschaft, unserem Nächsten zu helfen, ist genau das, was die Gesellschaft zusammenhält und was sie lebenswert macht." – Richard Stallman

Als Musterbeispiele für derartige Entwicklungen gelten das Internet, die Unix-Derivate *BSD und GNU/Linux, das GNU-Projekt sowie freie und Open-Source-Software. Auch die Wikipedia gehört hierher als Beispiel für Freie Inhalte.
https://de.wikipedia.org/wiki/Wissensallmende

Commons-based Peer Production (deutsch: „Allmendefertigung durch Gleichberechtigte") ist ein Vorschlag von Yochai Benkler, Professor an der Harvard Law School, zur Erweiterung der Neuen Institutionenökonomik. Demnach können weder die gängigen Theorien der neoklassischen Volkswirtschaftslehre, die auf dem Annahmen-Modell des Homo oeconomicus als rational und eigennützig handelndem Individuum basieren, noch Ansätze wie die Neue Institutionenökonomik erklären, weshalb Phänomene wie Open-Source-Softwareentwicklung oder Wikipedia überhaupt möglich sind.

Benkler bezieht sich mit seiner Commons-based Peer Production speziell auf die Informationsökonomik und begreift diese ausdrücklich als Erweiterung, nicht als Ersatz für die etablierten Theorien. Ähnlich wie in den Theorien des deutschen Wirtschaftswissenschaftlers Axel Ockenfels werden dabei neben monetärem Entgelt auch soziopsychologische und hedonistische „Belohnungen" einbezogen.

Copyleft ist ein Wortspiel, das einen Gegensatz zum englischen Begriff Copyright (deutsch: Urheberrecht, wörtlich: „Kopierrecht") durch Ersetzen von „rechts" (engl. right) durch das Gegenteil „links" (engl. left) konstruiert, wobei left gleichzeitig das Partizip des Verbs leave (deutsch: „(über)lassen") ist. Analog zur Vertauschung der beiden Begriffe wird auch die (urheberrechtliche) Situation umgekehrt: Es bleibt das Recht zum Kopieren eines Werks sogar nach dessen Bearbeitung erhalten, während es durch das Copyright eingeschränkt werden könnte — sozusagen ein Trick, der das Urheberrecht einsetzt, um etwas zu erreichen, was seiner bisher üblichen Zweckbestimmung entgegengesetzt ist. Darüber hinaus schützt das Copyleft auch die übrigen Freiheiten der jeweiligen Lizenz nach einer Bearbeitung des Werks, z. B. bei freier Software den freien Zugang zum Quelltext.
Das Copyleft ist eine Klausel in urheberrechtlichen Nutzungslizenzen, die den Lizenznehmer verpflichten, jegliche Bearbeitung des Werks (z. B. Erweiterung, Veränderung) unter die Lizenz des ursprünglichen Werks zu stellen. Die Copyleft-Klausel soll verhindern, dass veränderte Fassungen des Werks mit Nutzungseinschränkungen weitergegeben werden, die das Original nicht hat. Das Copyleft setzt voraus, dass Vervielfältigungen und Bearbeitungen in irgendeiner Weise erlaubt sind. Für sich gesehen macht es jedoch keine darüberhinausgehenden Aussagen über Art und Umfang der eigentlichen Lizenz und kann daher in inhaltlich sehr unterschiedlichen Lizenzen eingesetzt werden.

Die bekannteste Copyleft-Lizenz ist die GNU General Public License (GPL). Später fand das gleiche Prinzip auch bei Lizenzen für freie Inhalte Anwendung. Copyleft ist kein notwendiger Bestandteil einer Lizenz für freie Software. So hat etwa die BSD-Lizenz kein Copyleft, dennoch sind darunter freigegebene Programme freie Software.
https://de.wikipedia.org/wiki/Copyleft

Wissensordnungen

Enzyklopädie (Wissensordnung)

Seit der Rezeption von Bildung und Wissenschaft der griechischen Antike in der römischen Literatur (ca. 200 v. Chr.) gibt es Versuche, das jeweils vorhandene Wissen der Menschheit in einer geordneten Gesamtdarstellung zu präsentieren. Eine solche universale Systematik wurde erstmals von den Humanisten um 1490 als Enzyklopädie bezeichnet. Die erste bekannte gedruckte Einteilung, die damit betitelt wurde, ist die Encyclopedia von Johannes Aventinus, die 1517 in Ingolstadt erschien.

Der erste Entwurf der systematischen Darstellung (der „Disposition") zumindest eines Teiles des Wissens stammt von Plinius d. Ä. in seiner Naturalis historia aus dem 1. Jahrhundert. Die wohl bekanntesten Entwürfe sind der Baum des Wissens aus dem Mittelalter und das System der Kenntnisse der Encyclopédie von 1751. Der wohl zurzeit (2007) jüngste ist der Kreis der Bildung (Circle of Learning) in der Propaedia der 15. Auflage der Encyclopædia Britannica von 1994 (Bd. 32). In dem Zeitraum von ca. 2000 Jahren entstanden eine große Zahl von teilweise sehr unterschiedlichen Dispositionen.
https://de.wikipedia.org/wiki/Enzyklopädie_(Wissensordnung)

Marx, „Philosophische und ökonomische Schriften"

[1] Karl Marx (* 5. Mai 1818 in Trier; † 14. März 1883 in London) war ein deutscher Philosoph, Ökonom, Gesellschaftstheoretiker, politischer Journalist, Protagonist der Arbeiterbewegung sowie Kritiker der bürgerlichen Gesellschaft und der Religion. Zusammen mit Friedrich Engels wurde er zum einflussreichsten Theoretiker des Sozialismus und Kommunismus. https://de.wikipedia.org/wiki/Karl_Marx

W-G-W kontra G-W-G.

W-G-W. Ich verkaufe mein Wissen W gegen Geld G und benutze dieses Geld um wieder Wissen W zu erwerben. Ganz anders G-W-G. Ich nehme Geld G in die Hand und erwerbe Wissen W um es dann wieder zu verkaufen, um daraus wieder Geld G zu machen. Ersetzen wir Wissen W durch den Begriff Ware W, wie es der „alte Marx" verwendet und folgen seiner Argumentation, dann ist G-W-G die Voraussetzung für „die Verwandlung von Geld in Kapital[29]". So wie die Zirkulation Ware-Geld-Ware, also etwa angefertigten Schuhe vom Schuhmacher gegen Geld verkauft werden, um dafür Nahrung und Kleider für die Familie zu bezahlen, Formel: verkaufen um zu kaufen, den Verkäufer existieren lassen, aber auch nicht sonderlich mehr, so schafft die Zirkulation Geld–Wissen-Geld heute Kapital.

Proletarier aller Länder vereinigt Euch / Prekarianer aller Länder vereinigt Euch.

Das Manifest der Kommunistischen Partei, auch Das Kommunistische Manifest genannt, ist ein programmatischer Text aus dem Jahr 1848, in dem Karl Marx und Friedrich Engels[1] große Teile der später als „Marxismus" bezeichneten Weltanschauung entwickelten. Das 23-seitige Werk besteht aus einer Einleitung und vier Kapiteln. Es beginnt mit dem heute geflügelten Wort: „Ein Gespenst geht um in Europa – das Gespenst

[29] Karl Marx. Zur Kritik der politischen Oekonomie. In: Philosohische und ökologische Schriften. REKLAM (2009) aus: Das Kapital / Erster Band / Buch 1: Der Produktionsprozess des Kapitals (1867/1890) Viertes Kapitel.

des Kommunismus“ und endet mit dem bekannten Aufruf: **„Proletarier aller Länder, vereinigt euch!“**
https://de.wikipedia.org/wiki/Manifest_der_Kommunistischen_Partei

Greta

Greta Tintin Eleonora Ernman Thunberg (* 3. Januar 2003 in Stockholm) ist eine schwedische Klimaschutzaktivistin. Ihr Einsatz für eine konsequente Klimapolitik findet weltweit Beachtung. Die von ihr initiierten „Schulstreiks für das Klima“ sind inzwischen zur globalen Bewegung „Fridays for Future“ (FFF) gewachsen. Mit den Schulstreiks möchte sie erreichen, dass Schweden das Übereinkommen von Paris einhält. Sie gilt als Favoritin für den Friedensnobelpreis 2019. https://de.wikipedia.org/wiki/Greta_Thunberg

Also sprach Zarathustra

Zarathustra: „Lass Dir nicht schenken, was Du auch rauben kannst“

Also sprach Zarathustra (Untertitel Ein Buch für Alle und Keinen, 1883–1885) ist ein dichterisch-philosophisches Werk des deutschen Philosophen Friedrich Nietzsche.

Zarathustra (avestisch Zaraθuštra) bzw. Zoroaster (griechisch Ζωροάστρης Zōroástrēs), genannt auch Zarathustra Spitama, war ein iranischer Priester (Zaotar) und Philosoph. Er lehrte in einer nordostiranischen Sprache im zweiten oder ersten Jahrtausend v. Chr., die später nach seinem Werk Avesta als Avestisch bekannt wurde, und verhalf dem nach ihm benannten Zoroastrismus zum späteren Durchbruch als persisch-medische beziehungsweise iranische Religion, weshalb er beispielsweise auch „Gründer des Zoroastrismus“, „Religionsstifter“ oder „Reformator“ genannt wird. Die Anhänger des Zoroastrismus werden Zoroastrier oder Zarathustrier genannt. Die Anhängerschaft im heutigen Indien und Pakistan umfasst insbesondere die ethnisch-religiösen Gruppen der Parsen und zum Teil der Irani[4].

Nach Friedrich Wilhelm Nietzsche, * 15.10.1844, † 25.08.1900 sinnähnlich nach: Zarathusstra III Vers 4, ... Überwinde dich selber noch in deinem Nächsten: und ein Recht, das du dir rauben kannst, sollst du dir nicht geben lassen!

https://gutenberg.spiegel.de/buch/also-sprach-zarathustra-ein-buch-fur-alle-und-keinen-3248/4

Messie

Der Begriff Messie-Syndrom (abgeleitet von englisch mess „Chaos, Durcheinander“)bezeichnet ein zwanghaftes Verhalten, bei dem das übermäßige Ansammeln von mehr oder weniger wertlosen Gegenständen in der eigenen Wohnung im Vordergrund steht, verbunden mit der Unfähigkeit, sich von den Gegenständen wieder zu trennen und Ordnung zu halten.[2] Im Extremfall kommt es zu einem Vermüllungssyndrom: Die Wohnung ist dann teilweise nicht mehr begehbar, sie kann einem Schrottplatz oder einer Mülldeponie ähneln. Der Themenkreis wird auch als Desorganisationsproblematik beschrieben.

Neil Young

Neil Percival Young[1], OC, OM, (* 12. November 1945 in Toronto) ist ein kanadischer Musiker und Singer-Songwriter. Seine Karriere begann 1966 mit der Band Buffalo Springfield, und seine Musik umfasst zahlreiche Genres wie beispielsweise Rock-, Country- und Folkmusik.
Er gilt als Godfather of Grunge und tritt mit der Band Crazy Horse, aber auch als Solokünstler und mit vielen anderen Künstlern auf, insbesondere mit Crosby, Stills, Nash and Young.
You are like a Hurricane: Der Song wurde im Juli 1975 von Neil Young geschrieben.[1] Das Lied wird auf fast jeder Tour von Neil Young gespielt, mitunter auch als Solo-Version (akustische Gitarre oder Pump-Organ).

Heather Nova nahm 1996 das Lied live auf, erschienen auf Truth & Bone (Germany). Heather Nova (*6. Juli 1967 in Bermuda als Heather Allison Frith) ist eine bermudische Musikerin, Sängerin und Dichterin, die vor allem in Europa bekannt ist. Nachdem sie lange in London gelebt hat, ist sie mittlerweile wieder nach Bermuda gezogen. Bekannt ist Heather Nova vor allem als Musikerin und Sängerin. Zudem veröffentlicht sie Gedichte und illustrierte manche ihrer Alben und den Gedichtband the sorrowjoy selbst.

Chick Corea

Armando Anthony „Chick" Corea (* 12. Juni 1941 in Chelsea, Massachusetts) ist ein US-amerikanischer Musiker. Er zählt zu den bedeutendsten zeitgenössischen Jazz-Pianisten und -Komponisten und gilt außerdem als einer der Gründerväter des Jazzrock. Er hat bis heute 22 Grammy Awards gewonnen – nominiert war er für 63. 1971 gründete Corea zusammen mit Bassist Stanley Clarke, Saxophonist Joe Farrell, Schlagzeuger Airto Moreira sowie dessen Frau, Sängerin Flora Purim, die Gruppe Return to Forever. 1972 nahm diese Fusion-Formation ihr gleichnamiges Debüt-Album auf.
Die Band verbindet Jazz mit Rock, Soul, Funk und Latin-Elementen. Deshalb war sie in den 1970er-Jahren neben anderen Gruppen die logische Fortentwicklung des modernen Jazz, die Miles Davis in den späten 60er-Jahren angestoßen hatte.

Led Zeppelin

Led Zeppelin [ˌlɛdˈzɛplɪn] war eine britische Rockband. 1968 gegründet, gehört sie mit 300 Millionen verkauften Alben zu den erfolgreichsten Bands überhaupt.[1] Der Tod des Schlagzeugers John Bonham im September 1980[2] markierte das Ende der Band[3], die mit Sänger Robert Plant, Gitarrist Jimmy Page und Bassist John Paul Jones durchgehend in gleicher Besetzung aktiv war. Musikalisch gehörte Led Zeppelin zu den Pionieren des Hard Rock, Blues Rock, Progressive Rock sowie des aufkeimenden Heavy Metal, verarbeitete aber auch Einflüsse der Folkmusik.
Während der ersten US-Tournee in den Wintermonaten 1968/69 agierte Led Zeppelin zunächst noch als Vorgruppe für Vanilla Fudge, Iron Butterfly, Alice Cooper und Country Joe and the Fish.

Markantestes Stück des vierten Albums und wohl bekanntestes Lied von Led Zeppelin ist die über acht Minuten lange Rock-Ballade Stairway to Heaven.

Felgenhauers Lieblingsstück ist: Since I've Been Loving You
"Since I've Been Loving You" was one of the first songs prepared for the Led Zeppelin III album https://www.youtube.com/watch?v=w4THXeOD-Dw

Workin' from seven to eleven every night
It really makes life a drag
I don't think that's right
I've really been the best of fools

I did what I could, yeah
'Cause I love you, baby
How I love you, darling
How I love you, baby
My beloved little girl, little girl
But baby, since I've been loving you, yeah
I'm about to lose my worried mind, oh yeah
.. a.s.on..
…. Since I've been loving you, I'm about to lose my worried mind

Mothers Cake

Mother's Cake sind eine österreichische Progressive-Rock-Band.
Erste Erfolge feierten Yves Krismer und Benedikt Trenkwalder mit ihrer Band Brainwashed. 2005 erspielten sie den zweiten Platz beim Austrian Band Contest.
https://de.wikipedia.org/wiki/Mother%E2%80%99s_Cake

Roy Buchanan, der berühmteste aller unbekannten Bluesrock-Gitarristen

Roy Buchanan (eigentlich Leroy Buchanan, * 22. Oktober 1936 oder 23. September 1939[1] in Ozark, Arkansas; † 14. August 1988 in Fairfax, Virginia) war ein Bluesrock-Gitarrist, der zahlreiche Gitarristen beeinflusst hat. In den 1970er Jahren erschien eine Reihe von Alben, die teilweise (so das Second Album[5]) recht erfolgreich waren, überzeugen konnte er aber nur als Gitarrist, nicht als Sänger. Es folgten zahlreiche Tourneen und Konzerte, bis der „beste unbekannte Bluesgitarrist" Buchanan sich in der zweiten Hälfte der 1970er aus dem Plattengeschäft zurückzog. 1981 kam er zurück, auf dem Album My Babe war als Schlagzeuger Danny Brubeck, ein Sohn von Dave Brubeck zu hören. Erst 1985 erschien ein neues Album, „When a Guitar Plays the Blues", das sich 13 Wochen in den Billboard-Charts hielt und für einen Grammy nominiert wurde.

Ars Technica

Ars Technica (ˌɑrz_ˈtɛknɨkə; Lateinisch-abgeleitet „Kunst der Technologie", oft nur Ars) ist ein Blog über Technologie- und Webthemen, welcher von Ken Fisher und Jon Stokes 1998 gestartet wurde.[1] Kernthemen sind Nachrichten, Bewertungen und Anleitungen zu Hard- und Software, Forschung, digitaler Politik und Computerspielen.
Ars Technica wurde im Mai 2008 von der Online-Sparte von Condé Nast Publications, Condé Nast Digital, zusammen mit zwei anderen Seiten für 25 Millionen US-Dollar gekauft. Seitdem ist es Teil von Wired Digital, zu welcher auch Wired und vormals Reddit gehört. Ein Großteil der Autoren, zu denen auch Mitarbeiter bei Forschungseinrichtungen gehören, arbeiten von zu Hause aus. Ars Technica hat eigene Büros in Boston, New York, Chicago und San Francisco.
https://de.wikipedia.org/wiki/Ars_Technica
https://arstechnica.com/

Overblocking

Overblocking (auch overtargeting, overcensoring) bezeichnet die technische Verhinderung eines Vorgangs anhand von Regeln, die Ausnahmen und Sonderfälle nicht beachtet. Overblocking tritt z. B. auch bei IP-Sperren, Content-Filtering im Urheberrechtsbereich und

Jugendschutzfiltern auf. Dagegen bezeichnet Underblocking das Gegenteil: eigentlich anvisierte Inhalte werden bei Underblocking von der Software nicht gefiltert.
Die Nutzung z. B. eines falsch oder zu empfindlich eingestellten Filters, veralteter Datenbanken, Software zur Ähnlichkeitserkennung kann zur Fehlerkennung, Markierung und Verhinderung oder Zensur führen. Material, das nach den technisch nachvollzogenen Regeln akzeptabel gewesen wäre, wird unabsichtlich mit herausgefiltert.
https://de.wikipedia.org/wiki/Overblocking

Public Domain (PD)
The public domain consists of all the creative work to which no exclusive intellectual property rights apply. Those rights may have expired,[1] been forfeited,[2] expressly waived, or may be inapplicable.[3]
As examples, the works of William Shakespeare and Ludwig van Beethoven, and most early silent films, are in the public domain either by virtue of their having been created before copyright existed, or by their copyright term having expired.[1] Some works are not covered by copyright, and are therefore in the public domain—among them the formulae of Newtonian physics, cooking recipes,[4] and all computer software created prior to 1974.[5] Other works are actively dedicated by their authors to the public domain (see waiver); some examples include reference implementations of cryptographic algorithms,[6][7][8] the image-processing software ImageJ,[9] (created by the National Institutes of Health), and the CIA's World Factbook.
The term public domain may also be interchangeably used with other imprecise or undefined terms such as the "public sphere" or "commons", including concepts such as the "commons of the mind", the "intellectual commons", and the "information commons".[11]
https://en.wikipedia.org/wiki/Public_domain

Europäische Gemeinfreiheit nach dem Schutzlandprinzip
Der Gemeinfreiheit unterliegen alle geistigen Schöpfungen, an denen keine Immaterialgüterrechte, insbesondere kein Urheberrecht, bestehen. Die im anglo-amerikanischen Raum anzutreffende Public Domain (PD) ist ähnlich, aber nicht identisch mit der europäischen Gemeinfreiheit. Nach dem Schutzlandprinzip bestimmt sich die Gemeinfreiheit immer nach der jeweiligen nationalen Rechtsordnung, in der eine Nutzung vorgenommen wird.
Die sogenannte Public Domain, die Gemeinfreiheit oder Allmende, beinhaltet Werke, bei denen der urheberrechtliche Schutz abgelaufen ist bzw. Inhalte, die nie urheberrechtlich geschützt waren. Die Public Domain spielt eine wichtige gesellschaftliche und wirtschaftliche Rolle, fördert die Schöpfung und Umsetzung neuer Ideen als freie Wissensquelle.
Werke der Public Domain unterliegen keinerlei urheberrechtlicher Nutzungsbeschränkungen. Dies können zum Beispiel Ideen, Konzepte, Zahlen, Namen und Theorien sein.

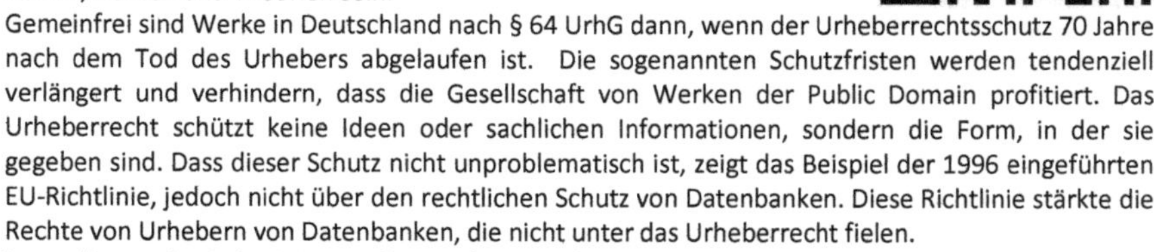

Gemeinfrei sind Werke in Deutschland nach § 64 UrhG dann, wenn der Urheberrechtsschutz 70 Jahre nach dem Tod des Urhebers abgelaufen ist. Die sogenannten Schutzfristen werden tendenziell verlängert und verhindern, dass die Gesellschaft von Werken der Public Domain profitiert. Das Urheberrecht schützt keine Ideen oder sachlichen Informationen, sondern die Form, in der sie gegeben sind. Dass dieser Schutz nicht unproblematisch ist, zeigt das Beispiel der 1996 eingeführten EU-Richtlinie, jedoch nicht über den rechtlichen Schutz von Datenbanken. Diese Richtlinie stärkte die Rechte von Urhebern von Datenbanken, die nicht unter das Urheberrecht fielen.
https://openall.info/rechtliche-offenheit/lizenzen/public-domain/

CC0

Die Lizenz CC0 – public domain dedicated bildet diese Gemeinfreiheit rechtlich nach und ermöglicht es, Werke direkt in die Public Domain bedingungslos freizugeben, sodass Dritten die maximale Nutzungsfreiheit eingeräumt wird.

Neues Digitale-Dienste-Gesetz

Das E-Government-Gesetz ist als Artikel 1 des Gesetzes zur Förderung der elektronischen Verwaltung sowie zur Änderung weiterer Vorschriften am 25. Juli 2013 erlassen worden und trat überwiegend am 1. August 2013 in Kraft. Unter E-Government (von (en) Electronic Government, (de) E-Regierung, selten eGovernment) versteht man die Vereinfachung, Durchführung und Unterstützung von Prozessen zur Information, Kommunikation und Transaktion innerhalb und zwischen staatlichen, kommunalen und sonstigen behördlichen Institutionen sowie zwischen diesen Institutionen und Bürgern bzw. Unternehmen durch den Einsatz von digitalen Informations- und Kommunikationstechnologien (ICT).
https://de.wikipedia.org/wiki/E-Government
https://t3n.de/news/digitalisierung-positionen-neuen-1179387/

§ 2 - BSI-Gesetz (BSIG)

Artikel 1 G. v. 14.08.2009 BGBl. I S. 2821 (Nr. 54); zuletzt geändert durch Artikel 1 G. v. 23.06.2017 BGBl. I S. 1885
Geltung ab 20.08.2009; FNA: 206-2 Öffentliche Informationstechnik
6 frühere Fassungen | Drucksachen / Entwurf / Begründung | wird in 54 Vorschriften zitiert
§ 1 ← → § 3
§ 2 Begriffsbestimmungen

(1) Die Informationstechnik im Sinne dieses Gesetzes umfasst alle technischen Mittel zur Verarbeitung oder Übertragung von Informationen.

(2) Sicherheit in der Informationstechnik im Sinne dieses Gesetzes bedeutet die Einhaltung bestimmter Sicherheitsstandards, die die Verfügbarkeit, Unversehrtheit oder Vertraulichkeit von Informationen betreffen, durch Sicherheitsvorkehrungen

1. in informationstechnischen Systemen, Komponenten oder Prozessen oder
2. bei der Anwendung von informationstechnischen Systemen, Komponenten oder Prozessen.

(3) 1Kommunikationstechnik des Bundes im Sinne dieses Gesetzes ist die Informationstechnik, die von einer oder mehreren Bundesbehörden oder im Auftrag einer oder mehrerer Bundesbehörden betrieben wird und der Kommunikation oder dem Datenaustausch der Bundesbehörden untereinander oder mit Dritten dient. 2Kommunikationstechnik der Bundesgerichte, soweit sie nicht öffentlich-rechtliche Verwaltungsaufgaben wahrnehmen, des Bundestages, des Bundesrates, des Bundespräsidenten und des Bundesrechnungshofes ist nicht Kommunikationstechnik des Bundes, soweit sie ausschließlich in deren eigener Zuständigkeit betrieben wird.

(4) 1Schnittstellen der Kommunikationstechnik des Bundes im Sinne dieses Gesetzes sind sicherheitsrelevante Netzwerkübergänge innerhalb der Kommunikationstechnik des Bundes sowie zwischen dieser und der Informationstechnik der einzelnen Bundesbehörden, Gruppen von Bundesbehörden oder Dritter. 2Dies gilt nicht für die Komponenten an den Netzwerkübergängen, die in eigener Zuständigkeit der in Absatz 3 Satz 2 genannten Gerichte und Verfassungsorgane betrieben werden.

(5) Schadprogramme im Sinne dieses Gesetzes sind Programme und sonstige informationstechnische Routinen und Verfahren, die dem Zweck dienen, unbefugt Daten zu nutzen oder zu löschen oder die dem Zweck dienen, unbefugt auf sonstige informationstechnische Abläufe einzuwirken.

(6) Sicherheitslücken im Sinne dieses Gesetzes sind Eigenschaften von Programmen oder sonstigen informationstechnischen Systemen, durch deren Ausnutzung es möglich ist, dass sich Dritte gegen

den Willen des Berechtigten Zugang zu fremden informationstechnischen Systemen verschaffen oder die Funktion der informationstechnischen Systeme beeinflussen können.
(7) Zertifizierung im Sinne dieses Gesetzes ist die Feststellung durch eine Zertifizierungsstelle, dass ein Produkt, ein Prozess, ein System, ein Schutzprofil (Sicherheitszertifizierung), eine Person (Personenzertifizierung) oder ein IT-Sicherheitsdienstleister bestimmte Anforderungen erfüllt.
(8) 1Protokolldaten im Sinne dieses Gesetzes sind Steuerdaten eines informationstechnischen Protokolls zur Datenübertragung, die unabhängig vom Inhalt eines Kommunikationsvorgangs übertragen oder auf den am Kommunikationsvorgang beteiligten Servern gespeichert werden und zur Gewährleistung der Kommunikation zwischen Empfänger und Sender notwendig sind. 2Protokolldaten können Verkehrsdaten gemäß § 3 Nummer 30 des Telekommunikationsgesetzes und Nutzungsdaten nach § 15 Absatz 1 des Telemediengesetzes enthalten.
(9) 1Datenverkehr im Sinne dieses Gesetzes sind die mittels technischer Protokolle übertragenen Daten. 2Der Datenverkehr kann Telekommunikationsinhalte nach § 88 Absatz 1 des Telekommunikationsgesetzes und Nutzungsdaten nach § 15 Absatz 1 des Telemediengesetzes enthalten.
(10) 1Kritische Infrastrukturen im Sinne dieses Gesetzes sind Einrichtungen, Anlagen oder Teile davon, die
1. den Sektoren Energie, Informationstechnik und Telekommunikation, Transport und Verkehr, Gesundheit, Wasser, Ernährung sowie Finanz- und Versicherungswesen angehören und
2. von hoher Bedeutung für das Funktionieren des Gemeinwesens sind, weil durch ihren Ausfall oder ihre Beeinträchtigung erhebliche Versorgungsengpässe oder Gefährdungen für die öffentliche Sicherheit eintreten würden.
2Die Kritischen Infrastrukturen im Sinne dieses Gesetzes werden durch die Rechtsverordnung nach § 10 Absatz 1 näher bestimmt.

(11) Digitale Dienste im Sinne dieses Gesetzes sind Dienste im Sinne von Artikel 1 Absatz 1 Buchstabe b der Richtlinie (EU) 2015/1535 des Europäischen Parlaments und des Rates vom 9. September 2015 über ein Informationsverfahren auf dem Gebiet der technischen Vorschriften und der Vorschriften für die Dienste der Informationsgesellschaft (ABl. L 241 vom 17.9.2015, S. 1), und die
1. es Verbrauchern oder Unternehmern im Sinne des Artikels 4 Absatz 1 Buchstabe a beziehungsweise Buchstabe b der Richtlinie 2013/11/EU des Europäischen Parlaments und des Rates vom 21. Mai 2013 über die alternative Beilegung verbraucherrechtlicher Streitigkeiten und zur Änderung der Verordnung (EG) Nr. 2006/2004 und der Richtlinie 2009/22/EG (Richtlinie über alternative Streitbeilegung in Verbraucherangelegenheiten) (ABl. L 165 vom 18.6.2013, S. 63) ermöglichen, Kaufverträge oder Dienstleistungsverträge mit Unternehmern entweder auf der Webseite dieser Dienste oder auf der Webseite eines Unternehmers, die von diesen Diensten bereitgestellte Rechendienste verwendet, abzuschließen (Online-Marktplätze);
2. es Nutzern ermöglichen, Suchen grundsätzlich auf allen Webseiten oder auf Webseiten in einer bestimmten Sprache anhand einer Abfrage zu einem beliebigen Thema in Form eines Stichworts, einer Wortgruppe oder einer anderen Eingabe vorzunehmen, die daraufhin Links anzeigen, über die der Abfrage entsprechende Inhalte abgerufen werden können (Online-Suchmaschinen);
3. den Zugang zu einem skalierbaren und elastischen Pool gemeinsam nutzbarer Rechenressourcen ermöglichen (Cloud-Computing-Dienste),
und nicht zum Schutz grundlegender staatlicher Funktionen eingerichtet worden sind oder für diese genutzt werden.
(12) „Anbieter digitaler Dienste" im Sinne dieses Gesetzes ist eine juristische Person, die einen digitalen Dienst anbietet.
https://www.buzer.de/gesetz/8987/a163613.htm

McKinsey

Nicht nur von McKinsey, sondern auch von Accenture, einem weltweit tätigen Unternehmen, das Managementberatung und Technologie-Dienstleistungen anbietet. Accenture steht nun im Zentrum der Berateraffäre. Wie der „Spiegel" in seiner aktuellen Ausgabe berichtet, machte Accenture 2014 mit der Bundeswehr 2014 insgesamt 459.000 Euro Nettoumsatz. Das steigerte sich rapide: 2017 seien es schon 4,2 Millionen gewesen, 2018 dann rund 20 Millionen.
https://www.tagesspiegel.de/politik/23916264.html

Ernst Albrecht

Ernst Carl Julius Albrecht (* 29. Juni 1930 in Heidelberg; † 13. Dezember 2014 in Burgdorf)[1] war ein deutscher Politiker (CDU) und von Januar 1976 bis Juni 1990 Ministerpräsident von Niedersachsen. Als Ministerpräsident traf Albrecht 1977 die folgenschwere Entscheidung, im dünn besiedelten Landkreis Lüchow-Dannenberg in unmittelbarer Nähe zur innerdeutschen Grenze ein „Nuklear-zentrum" zu errichten. Dieses sollte ursprünglich neben einem Zwischenlager für Atommüll bei Gorleben auch das zentrale deutsche Atommüllendlager, ein neues Atomkraftwerk an der Elbe bei Langendorf und eine Wiederaufarbeitungsanlage für Uranbrennstäbe in Dragahn umfassen.
https://de.wikipedia.org/wiki/Ernst_Albrecht

Glenn Gould spielt Johann Sebastian Bach

Glenn Herbert Gould [gu:ld] (* 25. September 1932 in Toronto, Ontario, Kanada; † 4. Oktober 1982 ebenda) war ein kanadischer Pianist, Komponist, Organist und Musikautor. Er ist vor allem für seine Bach-Aufnahmen bekannt.
The Glenn Gould School (GGS) was founded in 1997 at The Royal Conservatory of Music, one of the largest and most respected music education institutions in the world. The mission of the Royal Conservatory, to develop human potential through leadership in music and the arts, is based on the conviction that the arts are humanity's greatest means to achieve personal growth and social cohesion.
https://www.rcmusic.com/ggs/home

IKEA

IKEA ist ein multinationaler Einrichtungskonzern. Das Unternehmen wurde 1943 von Ingvar Kamprad in Schweden gegründet und gehört heute der in den Niederlanden (Delft) registrierten Stiftung Stichting INGKA Foundation.

Courier88

Courier ist eine Schriftart für Schreibmaschinen und Computer. Sie wurde 1956 von Howard Kettler entworfen und später von Adrian Frutiger für die elektrischen Schreibmaschinen für IBM weiterentwickelt. Wie bei Schreibmaschinen üblich, ist sie eine nichtproportionale Schriftart, das heißt, alle Buchstaben sind gleich breit. Charakteristisch sind die starken Serifen, mit denen beispielsweise der Leerraum beim „I" gefüllt wird.
Obwohl das Design der ursprünglichen Schriftart von IBM in Auftrag gegeben wurde, hat das Unternehmen die Schriftart nicht urheberrechtlich schützen lassen; sie ist somit lizenzfrei.

Courier wird häufig als Ersatzschrift eingesetzt, falls die eigentlich gewünschte Schrift auf dem Ausgabegerät nicht vorhanden ist.

„Are you talkin' to me?"[30]

[1]Robert De Niro wasted no time in giving his fans what they wanted at Thursday night's 40th anniversary screening of Taxi Driver at the Tribeca film festival in New York. "Every day for 40 fucking years," he said in introducing the film, "at least one of you has come up to me and said – what do you think – 'You talkin' to me?'"

TippEx

Tipp-Ex ist ein Markenname für Korrekturfolien und -flüssigkeit zum Überdecken von Tippfehlern beim Schreiben mit der Schreibmaschine. Erfinder dieser Korrekturmittel war Wolfgang Dabisch, der darauf 1959 ein Patent erhielt und in Eltville am Rhein die Firma Tipp-Ex gründete, um die gleichnamigen Erzeugnisse herzustellen.

Kurzzeitgedächtnis

Ein Begriff der Psychologie zur Klassifizierung bestimmter Gedächtnisphänomene und dient insbesondere der Abgrenzung zum Langzeitgedächtnis.

Ein kurz sichtbares Bild kann analysiert werden, obwohl es nicht mehr sichtbar ist; eine Melodie besteht für uns nicht aus einzelnen Tönen, sondern erscheint als ein Ganzes. Wir können kopfrechnen und einen Text lesen und verstehen, ohne ihn auswendig zu können. Wir schlagen eine Telefonnummer nach und sagen sie uns unterwegs immer wieder vor, bis wir das Telefon erreichen, ohne sie zu vergessen. Solche aus der Selbstbeobachtung bekannten Phänomene beschäftigen die Denker schon seit der Antike.

Mi. Felgenhauer: „Das Gedächtnis das jetzt im Alter bei mir immer besser wird. Es wird kürzer und kürzer", oder so ähnlich, glaub ich.

TA

Die TA Triumph-Adler GmbH (vormals *TA Triumph-Adler AG*) mit Sitz in Nürnberg hat sich von einem Bürogerätehersteller zu einem Anbieter von Dienstleistungen in dem Bereich Managed Document Service (MDS) gewandelt. Das Unternehmen gehört mittlerweile dem Kyocera-Konzern an und ist international an sechzig Standorten vertreten. Die erste Reiseschreibmaschine von Triumph wurde 1928 vorgestellt. Das Modell *Durabel* wurde mit Holzkoffer geliefert. 1956 bekam die *Durabel* schließlich ein neues Aussehen. Und wenig später in *Gabriele* umbenannt, als Triumph-Adler von Grundig übernommen wurde und sich die *Triumph-Adler-Büromaschinen-GmbH* etabliert hatte. Benannt wurde die Maschine nach Herrn Grundigs Enkelin.

Zeppelinplatz

Der Zeppelinplatz ist ein Platz im Berliner Ortsteil Wedding des Bezirks Mitte. Am 1. Juni 1910 erhielt er seinen Namen „zu Ehren des berühmten Luftschiffers Ferdinand Graf von Zeppelin und in Erinnerung an dessen Fahrt nach Berlin am 29. August 1909".

In den späten 70er Jahren war der Zeppelinplatz ein vergleichsweis hässlicher Ort, aber unter Weddinger Led Zeppelin-Freunden Kult in Personalunion mit der Hausbesetzerszene rund um die Brüsseler Straße. Heute bietet das Gelände einen wirklich wunderbar

[30]Robert De Niro wasted no time in giving his fans what they wanted at Thursday night's 40th anniversary screening of Taxi Driver at the Tribeca film festival in New York. "Every day for 40 fucking years," he said in introducing the film, "at least one of you has come up to me and said – what do you think – 'You talkin' to me?'"

gelungenen, hundefreien! Kinderspielplatz. Fehlt nur noch ein stationärer SpeakersCorner, der die derzeitige mobile Bierkasten-lösung ersetzt (Speakers' Corner, „Ecke der Redner", ist ein Versammlungsplatz am nordöstlichen Ende des Hyde Parks in London in unmittelbarer Nachbarschaft zum Marble Arch).
https://de.wikipedia.org/wiki/Zeppelinplatz_(Berlin)

Abb.: Zeppelinplatz im Wedding. Mi. Dienst im Winter 2017-18 (frei von Rechten Dritter).

Patentverbrennungen

Dass auf dem LED ZEPPELIN-PLATZ öffentliche Patentverbrennungen stadtfinden, wie Michel Felgenhauer behauptet, ist frei erfunden. Natürlich sind sie nicht öffentlich. Im digitalen Zeitalter ist außerdem die (1966 in François Truffaut's Film Fahrenheit 451 angenommene) Selbstentzündungstemperatur von Papier bei 451 °F (233 °C) keinen falls erforderlich, um ein Patent zu verbrennen. Wir können das bei Raumtemperatur im INTERNETZ tun. Ein Artefakt gilt heute (Montag, 18:30h) nur dann als NEU, wenn er bis morgen früh (8:00h, da öffnet das DPMA hier in Berlin, noch) nicht zum Stand der Technik gehört. Und Neuheit ist eine der Grundvoraussetzungen für eine Erfindung. Ein Erfinder, der seine Erfindung vor einer Erfindungsmeldung respektive Patentanmeldung der Öffentlichkeit zugänglich macht, beispielsweise während einer Rede auf dem Led Zeppelinplatz, oder er redet eben im Internet. Das Ergebnis ist das gleiche, ereignet sich häufig unbeabsichtigt und ist absolut neuheitsfeindlich; man sagt, die Erfindung sei hiermit verbrannt. Verbrennt man pyrolog oder digital potentielle Diensterfindungen, macht man sich strafbar. Mi. Felgenhauer hat in den vergangenen vierzig Jahren mit über 70 Anmeldungen nicht eine einzige Eurone verdient. Das auslösende Moment für digitale Patentverbrennungen war aber nicht mein finanzieller Ruin, der natürlich auch, sondern die sehr traurigen Worte eines Forschungspartners aus dem maritimen Bereich, sinngemäß: „Anmelden ist wie Geld verbrennen. Wir machen keine Patente mehr. Weil sich niemand daran hält". Wir hatten ihnen gerade ein rückübertragenes Patent, in dem schon über 60.000E steckten, zur kostenfreien Nutzung angeboten. Sie wollten es nicht einmal geschenkt haben.

CACTUS

Cactus ist eine US-amerikanische Bluesrock-Band, die 1969 aus der Rhythmussektion von Vanilla Fudge entstand. Cactus spielt einen heftigen Bluesrock, der schon viele Muster des Hardrock enthielt.

FORTRAN-Programme, Lochkarten

Fortran ist eine prozedurale, in ihren neuesten Versionen auch eine objektorientierte Programmiersprache, die insbesondere für numerische Berechnungen in Wissenschaft, Technik und Forschung eingesetzt wird. Der Name entstand aus FORmula TRANslation und wurde bis zur Version FORTRAN 77 mit Großbuchstaben geschrieben.

https://de.wikipedia.org/wiki/Fortran
Eine Lochkarte (LK) ist ein aus zumeist hochwertigem Karton gefertigter Datenträger, der früher vor allem in der Datenverarbeitung zur Speicherung von Daten und Programmen verwendet wurde. In ihr wurden die Dateninhalte durch einen Lochcode abgebildet, der mithilfe von elektro-mechanischen Geräten erzeugt und ausgelesen wurde. Diese Technik wird allgemein als veraltet angesehen. https://de.wikipedia.org/wiki/Lochkarte

Narzisst sein

Die Umgebung ist sich nicht (ganz) einig. Ist es nur ein vollkommen normaler Narzissmus (Felgenhauer: „I LOVE ME"), den sie offenbar bereit zu tragen sind, oder handelt es sich schon um bedauernswerten Altersautismus: „Tu was, Michel. Für UNS".
EINERSEITS, Mi: Der Ausdruck Narzissmus steht alltagspsychologisch und umgangssprachlich im weitesten Sinne für die Selbstverliebtheit und Selbstbewunderung eines Menschen, der sich für wichtiger und wertvoller einschätzt, als urteilende Beobachter ihn einschätzen. In der Umgangssprache bezeichnet man eine stark auf sich selbst bezogene Person, die anderen Menschen weniger Beachtung als sich selbst schenkt, als Narzissten. Der umgangssprachliche Gebrauch des Wortes „Narzissmus" schließt meist ein negatives moralisches Werturteil über die betreffende Person ein. Der Begriff steht in Verbindung mit einer Vielzahl sehr unterschiedlicher psychologischer, sozialwissenschaftlicher, kulturwissenschaftlicher und philoso-phischer Konzepte. Die Einzelheiten ergeben sich aus dem jeweils zugrundeliegenden theoretischen Konzept. Abzugrenzen ist die narzisstische Persönlichkeitsstörung nach ICD-10 und DSM-5.
https://de.wikipedia.org/wiki/Narzissmus

ENTGEGENHALTUNG, uns: Das Asperger-Syndrom ist eine Störung aus dem autistischen Formenkreis. Bei Betroffenen ist die Fähigkeit zur sozialen Interaktion erheblich beeinträchtigt. Ferner bestehen ungewöhnliche Spezialinteressen und eine Tendenz zu ritualisierten Handlungen.
Betroffene zeigen in der Regel ein bestimmtes Symptommuster: Aufgrund einer verminderten Fähigkeit, nonverbale Signale bei anderen Personen intuitiv zu erkennen, sind die Patienten in ihrer sozialen Interaktionsmöglichkeit deutlich eingeschränkt. Das Interesse an Mitmenschen ist häufig begrenzt, demgegenüber bestehen typischerweise „Spezialinteressen", die inhaltlich oder hinsichtlich ihrer Intensität ungewöhnlich erscheinen. Die Betroffenen sind außerdem oft darauf fixiert, ihre äußere Umgebung und Tagesabläufe möglichst gleichbleibend zu gestalten, plötzliche Veränderungen können sie überfordern. Einige Asperger-Patienten sind schnell im Umgang mit Kollegen oder Kunden überfordert. Sie geraten mit einer sehr direkten, unhöflich wirkenden Art in Konflikte oder können sich nicht flexibel genug auf verschiedene Anforderungen einstellen. https://www.aerzteblatt.de/archiv/63173

UrhG
Hier heißt es in Absatz 3 Satz 3: „Der Urheber kann aber unentgeltlich ein einfaches Nutzungsrecht für jedermann einräumen."

DATEXIS
The research group "Database Systems and Text-based Information Systems (DATEXIS)" at Beuth University of Applied Sciences Berlin conducts research and teaching in managing text-based and structured data. Our focus is on basic research in Naturual Language Proessing (NLP) and Deep Learning, on explaining and benchmarking Deep Learning and NLP systems and on applying NLP in Healthcare and other domains.
We support complex business decisions with data science.
https://projekt.beuth-hochschule.de/data-science/

Bildnachweise

Rotationsflügelaggregat zur Anmontage an kleine Seefahrzeuge

Technische Beschreibung

Die Erfindung betrifft ein vertikal wirkendes Aggregat mit Rotationsflügel zur Anmontage im Unterwasserbereich kleiner Seefahrzeuge und beschreibt einen Autogyro-Hydro-Antrieb mit Repeller in Zweiflügel-Konfiguration. Kleine Seefahrzeuge in diesem Sinne sind Wake- und Surfboards, Segelsurfboards und Jollen. Der Rotationsflügel des Autogyro-Hydro-Antriebs ist zweiarmig und seine rotierenden Arbeitstragflächen sind freilaufend ausgeführt. Im Betrieb, bei Bewegung des Seefahrzeugs und Fahrrichtung und durch geeignete Anströmung gerät der Rotationsflügel autonom, passiv und zwangsläufig in Eigenrotation (Autogyroprinzip) und produziert eine Auftriebskraft, die senkrecht auf der Rotationsebene steht. Das vertikal wirkende Drehflügel-Aggregat (nachfolgend „Hydro-Copter" genannt) entspricht seitens seiner Anwendung und in seiner Betriebsweise einem so genannten Hydrofoil. Hydrofoils vom Stand der Technik dienen ebenso zur Anmontage an Segelsurfboards und Jollen vom Stand der Technik und dient der vertikalen Querkrafterzeugung im Unterwasserbereich. Der Hydro-Copter ist fluiddynamisch als Arbeitsmaschine betreibbar und die vom Seefahrzeug in Bewegung erzeugte (Auftriebs-) Querkraft des Rotationsflügels des Autogyro-Hydro-Antriebs wird zum (vertikalen) Anheben des Seefahrzeugs genutzt. Generell ist der Hydrocopter geeignet, im Zusammenwirken mit einem Surfboard und einem Surfsegel vom Stand der Technik ein mobiles Gesamtsystem abzubilden. Surfboard und Surfsegel sind nicht Gegenstand der Erfindung. Für die Lehre über das gestalterische Prinzip eines Rotationsflügelaggregates und insbesondere für die Dimensionierung des Rotors des Hydro-Copters ist eine vereinfachende Theorie anzusetzen.

Abb.1: Patentschrift, angeblich gefunden in einer Kartoffelkiste. Teil 1/7 in verkleinerter Darstellung; Mi. Dienst Sommer 2019 (frei von Rechten Dritter).

Stand der Technik. Autogyro-Prinzip.

Das Rotationsflügelaggregat zur Anmontage an kleine Seefahrzeuge nutzt das physikalisch-fluiddynamische Funktionsprinzip der aerodynamischen Tragschrauber vom Stand der Technik. Tragschrauber-Fluggeräte sind interessant für Anwendungen mit geringen Geschwindigkeiten. Tragschrauber, auch Autogyro, Gyrokopter oder Gyrocopter genannt, sind Drehflügler, die in ihrer Funktionsweise einem Hubschrauber ähneln. Der Rotor wird passiv durch den Fahrtwind in Drehung versetzt (Autorotation). Der Auftrieb in Fahrt ergibt sich dabei durch die aerodynamische Querkraft des drehenden Rotorblattsystems. Bei Gyrokoptern von Stand der Technik erfolgt der Vortrieb wie beim Starrflügelflugzeug meist durch ein Propellertriebwerk. Als Erfinder des Tragschraubers gilt der Spanier Juan de la Cierva, der seinen Autogiro als geschützten Markennamen im Jahr 1923 bekannt machte. Nach einer (allerdings heute nicht mehr zeitgemäßen) Theorie der Tragschrauber entsteht Autorotation immer dann, wenn das Rotorblatt im inneren Bereich der Rotorebene einen hohen Anstellwinkel hat derart, so dass eine das Blatt beschleunigende Kraft resultiert. Im äußeren Durchmesser hingegen bremst die Resultierende das Blatt. Beschleunigende und Resultierende sind im stationären Flug im Gleichgewicht. Variiert (erhöht) man den Anstellwinkel der Rotorebene, verschiebt sich die Grenze zwischen beschleunigendem und abbremsendem Bereich nach außen und damit zugunsten der Beschleunigung und der Rotor erhöht seine Drehzahl. Der (orthonormal auf der Rotorebene wirksame) vertikale Überschuss wird als Hub nutzbar (Tragschrauber), bzw. im Fall des Flugaggregats mit Rotationsflügeln wird die dieserart senkrecht auf der Rotationsebene stehende Querkraft als Vortrieb nutzbar.
Eine geschlossene Theorie der Gyrocopter besteht bis Dato nicht. Moderne Berechnungs-ansätze, die einer Festlegung geometrischer Parameter in der frühen Phase der Produkt-entwicklung dienen, gehen von einer Gleichzeitigkeit der Wirkungen der Autogyro-

Abb.2: Patentschrift, angeblich gefunden in einer Kartoffelkiste. Teil 2/7 in verkleinerter Darstellung; Mi. Dienst Sommer 2019 (frei von Rechten Dritter).

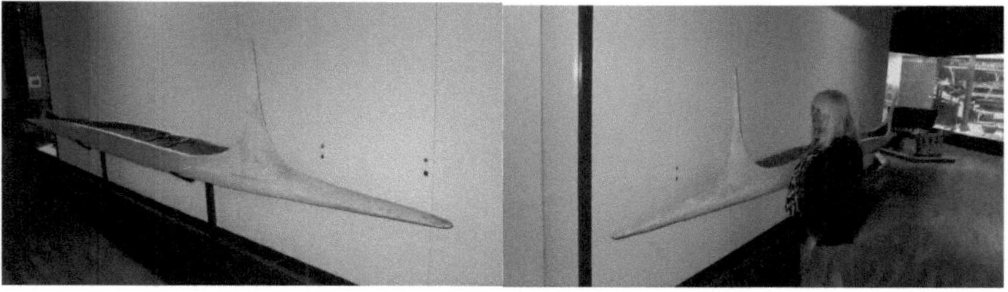

Abb.3: Eine Museumsbesucherin beim Big Data Digging. Hier: das Unterwasserteil eines polynesischen Bootes; ohne technische Beschreibung. Ethnologisches Museum Berlin; Mi. Dienst etwa 2015.

Rotoren als sowohl Kraft- und als Arbeitsmaschine aus. Dieser Ansatz führt auf willkommene Vereinfachungen bei der Gestaltung der Rotorblätter.

Stand der Technik. Kleine foilende Seefahrzeuge.

Tragflügel- oder Tragflächenboote sind Hochgeschwindigkeitswasserfahrzeuge, die bei steigender Geschwindigkeit mittels des dynamischen Auftriebs unter Wasser liegender Tragflügel (Hydrofoils) während der Fahrt angehoben werden. Sobald der Rumpf das Wasser nicht mehr berührt, „schwebt" das Seefahrzeug über die Wasseroberfläche. Da sich dann nur ein kleiner Teil des Fahrzeugs (Tragflügel und Propeller sowie das Ruderblatt) unterhalb der Wasseroberfläche befindet, werden die Verdrängung und der Reibungswiderstand deutlich reduziert. Dadurch wird bei Motorfahrzeugen gleicher Antriebsleistung eine größere Geschwindigkeit erreicht. Hydrofoils werden auch zunehmend im Segelsport eingesetzt. Für kleine Segeljollen und für Segelsurfboards sind Hydrofoils Stand der Technik.

Problembeschreibung

Hydrofoils vom Stand der Technik sind einfache, robuste, effiziente und bezogen auf die Geometrie des Seefahrzeugs, vergleichsweise kleine Anbauten im Bereich des Unterwasser-schiffs. Allerdings ist die zur Vertikalbewegung des Seefahrzeugs erforderliche Querkraft-erzeugung von stationärer Art. Dies setzt der Optimierung des Bauraums eines Hydrofoils Grenzen.
Dynamische Auftriebssysteme, wie Rotationsflügelaggregate zur Anmontage im Unter-wasserbereich kleiner Seefahrzeuge, die das physikalisch-fluiddynamische Funktionsprinzip der Tragschrauber nutzen, sind nicht Stand der Technik.

Abb.4: Patentschrift, angeblich gefunden in einer Kartoffelkiste. Teil 3/7 in verkleinerter Darstellung; Mi. Dienst Sommer 2019 (frei von Rechten Dritter).

Problemlösung

Die Leistungsdichte eines Rotationsflügels ist aus physikalischen Gründen erheblich größer als die eines Starrflügels und damit auch eines flächen- und baurungleichen Hydrofoils vom Stand der Technik. Die Erfindung nach Anspruch 1 betrifft die Lehre über das gestalterische Prinzip eines Rotationsflügelaggregates zur Anmontage im Unterwasserbereich kleiner Seefahrzeuge. Das Rotationsflügelaggregat entspricht in seiner Betriebsweise in Fahrt der eines Hydrofoils vom Stand der Technik. In Fahrt erzeugt der Rotationsflügel Auftriebskräfte nach dem „Autogyro-Prinzip".

Erreichbare Vorteile

Das Rotationsflügelaggregat zur Anmontage im Unterwasserbereich kleiner Seefahrzeuge ist ein Sportgerät und dient in erster Linie dem Freizeitvergnügen. Da aber das gestalterische Prinzip der Anmontage und auch die Betriebsweise des Hydro-Copters der eines Hydrofoils vom Stand der Technik entspricht, kommt dem Rotationsflügelaggregat ein informativer und pädagogischer Wert bei. Theoretische Überlegungen lassen den berechtigten Schluss zu, dass das Rotationsflügelaggregat wesentlich weniger Bauraum erfordert als ein leistungsgleiches Hydrofoil vom Stand der Technik. Mit einem Rotationsflügelaggregat für kleine Seefahrzeuge wird bereits bei geringer Geschwindigkeit ein hoher Betrag an Auftriebskraft erzeugt, was energetisch und wirtschaftlich vorteilhaft ist.

Aufbau und Wirkungsweise.

Das Rotationsflügelaggregat nach Anspruch 1 dient zur Anmontage im Unterwasserbereich kleiner Seefahrzeuge. Das Rotationsflügelaggregat wird

Abb.5: Patentschrift, angeblich gefunden in einer Kartoffelkiste. Teil 4/7 in verkleinerter Darstellung; Mi. Dienst Sommer 2019 (frei von Rechten Dritter).

nachfolgend weiter als Hydro-Copter bezeichnet. Der Rotor R das Pylon WP und das Finnenterminal TER des Hydro-Copter bilden eine organisatorische und konstruktive Einheit. Die Abbildung Figur 1 zeigt skizzenhaft und schematisch das Rotationsflügelaggregat bestehend aus Rotor, Pylon und Finnenterminal in einer Anordnung zur Armontage im Unterwasserbereich eines Segelsurfboards vom Stand der Technik. Die Tragflügel des Rotors R sind in geeigneter Weise, nach Stand der Technik und der Wissenschaft, zu profilieren. Der Querschnitt des Pylons WP soll eine strömungsmechanisch günstige Form aufweisen. Das Finnenterminal TER soll den handelsüblichen Standards vom Stand der Technik entsprechen.

<u>Bezeichnungen, verwendet in Skizze Figur 1</u>

TER Terminal (Finnen-)
R Rotor
WP Pylon
SAI Surfsegel*
BRD Segel-Surfboard*
KWL Konstruktionswasserlinie
HWL (Hoover-) Betriebswasserlinie
SDP Segeldruckpunkt
GSP Gewichtsschwerpunkt
EROT Rotationsebene *nicht Gegenstand der Erfindung

Segelsurfboard BRD und Segel SAI sind nicht Gegenstand der Erfindung. Der Rotationsflügel R des Hydro-Copters ist am distalen (dem Bootkörper abgewandten) Ende des Pylons „fliegend" gelagert und befindet sich im Betrieb des Hydro-Copters im Freilauf. Die Drehachse des Rotors und damit die Rotationsebene EROT ist gegenüber einer Senkrechten zur Hauptbewegungsrichtung geneigt derart, dass eine Anstellung gegenüber der Hauptströmungsrichtung herrscht. Dieser Anstellwinkel ist für die Wirkungsweise des Hydro-Copters wesentlich. Zum Antrieb eines Segelsurfboards dient das Surfsegel. Segeldruckpunkt SDP und Gewichtsschwerpunkt GSP

Abb.6: Patentschrift, angeblich gefunden in einer Kartoffelkiste. Teil 5/7 in verkleinerter Darstellung; Mi. Dienst Sommer 2019 (frei von Rechten Dritter).

sowie die Summe aller äußeren Kräfte stehen im stationären Zustand des Fahrsystems in einem Gleichgewicht zueinander. In Fahrt vollführt der Rotationsflügel R des Hydro-Copters nach Anspruch 1 eine Drehbewegung, die von einer passiven Beaufschlagung des Rotorsystems herrührt. Gleichzeitig liefert das Rotorsystem - gemäß der Physik einer fluidmechanischen Wechselwirkung mit dem umgebenden Medium - eine Schubkraft (Lift L), die hinsichtlich Größe und Wirkrichtung geeignet ist, das Seefahrzeug vertikal bis zur (Hoover-) Betriebswasserlinie HWL anzuheben. anzuheben. Dieses Wechsel-wirkungsgeschehen ist die Idee des Hydro-Copters nach Anspruch 1.

Weiterführende Literatur, Quellenhinweise und Entgegenhaltungen

[1] Prandtl, L., 1924, Induced drag of multiplanes, NACA TN-182.

[7] Woodward, R. et. al., 1991, Takeoff/ Approach Noise for a Model Counterrotation Propeller with a Forward Swept Upstream Rotor, NASA TM-105979, AIAA-930596.

[9] Avellán, R. & Lundbladh, A., 2012, Air Propeller Arrangement and Aircraft, US Patent Application US2012/0288474A1, filed on Dec 28, 2009.

[14] Brandt, J.B. & Selig, M.S., 2011, Propeller Performance Data at Low Reynolds numbers, AIAA-2011-1255.

Abb.7: Patentschrift, angeblich gefunden in einer Kartoffelkiste. Teil 6/7 in verkleinerter Darstellung; Mi. Dienst Sommer 2019 (frei von Rechten Dritter).

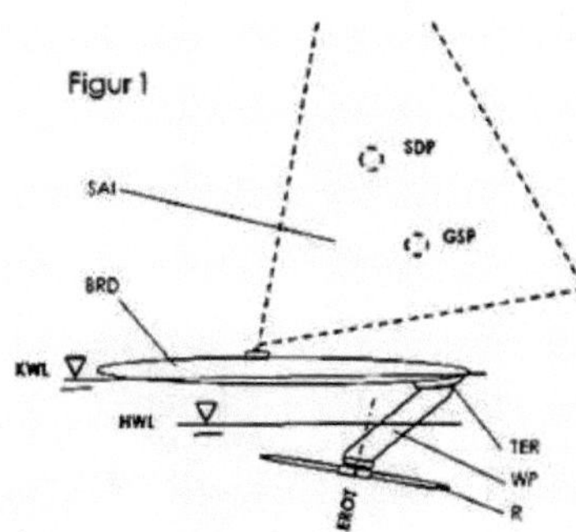

Ansprüche

1. Rotationsflügelaggregat zur Anmontage im Unterwasserbereich kleiner Seefahrzeuge, das in seiner Betriebsweise einen Hydrofoil vom Stand der Technik entspricht, dadurch gekennzeichnet,

   dass der Rotationsflügel zweiarmig und seine Arbeitstragflächen an einem Pylon freifliegend gelagert ausgeführt sind.

2. Rotationsflügelaggregat zur Anmontage im Unterwasserbereich kleiner Seefahrzeuge nach Anspruch 1 dadurch gekennzeichnet,

   dass die vom Rotationsflügel erzeugte Querkraft zu einer vertikalen Hubbewegung des Seefahrzeugs genutzt werden kann.

Abb.8: Patentschrift, angeblich gefunden in einer Kartoffelkiste. Teil 7/7 in verkleinerter Darstellung; Mi. Dienst Sommer 2019 (frei von Rechten Dritter).